\ 5大類咖哩 × 7位大廚 /

名廚的咖哩圖鑑

從經典到進階嚴選美味咖哩配方 **370** 道

水野仁輔　著
黃媽容　譯

前言

　　當想做咖哩料理、想吃咖哩時，大家的腦海中會浮現出多少種組合變化呢？

　　10種？50種？或許也有些人會想「不！不！我腦袋裡的抽屜裡可是有100種不同的咖哩食譜呢！」不過事實上，咖哩還有更多、更多的變化。我認為就算說種類有無限多也不為過。

　　我到目前為止出版過幾十本咖哩相關食譜書籍，向大家介紹超過的咖哩應該已經超越1000種了；而在這20多年的外匯料理、現場料理演示生涯中，也製作了超過1000種。在這些領域加起來就提供了2000種以上的咖哩作法。

　　本書則是在如此龐大的資料庫中精選出370道咖哩匯集而成的食譜。而我也向多年以來持續推廣咖哩而認識的可靠大廚朋友們提出邀請，成立了名為「Tin Pan Curry」的團體。結合他們的經驗和想法，本書涵蓋了各式各樣我們所想得到的咖哩種類。

　　舉例來說，就像我們搭乘飛機起飛後，往窗外一望就能看到從來不曾見過的景色。在日常生活中只要稍微變換視角，就能享受俯瞰整個世界或是從另一個角度觀察的樂趣。相信這應該會是一本能改變大家對咖哩看法的食譜書。

　　想做出好吃的咖哩、想品嘗美味的咖哩時，請一定要試試看參考這本書。即使沒有跑道也能起飛，看到不同的世界。

水野仁輔

目次

	2	前言

序章　歡迎來到咖哩的世界

	12	咖哩的4大元素
	16	大家都想知道的洋蔥使用技巧
	18	基本工具
	20	Tin Pan Column　關於「Tin Pan Curry」這個團體

Part1　咖哩塊和香料的不同

	22	製作咖哩的主要基底
	24	001 基本款咖哩塊咖哩
	30	002 基本款香料咖哩
	36	003 結合所有優點的究極版咖哩
	40	主要使用的香料一覽表
	44	Tin Pan Column　關於團長伊東盛

Part2　咖哩塊咖哩

	46	004 香料雞肉咖哩
	50	005 夏季雞肉咖哩／006 雞肉蘑菇咖哩
	51	007 綠色蔬菜雞肉咖哩
	52	008 葡萄酒雞肉咖哩
	53	009 奶醬雞肉咖哩／010 檸檬雞肉咖哩
	54	011 香辣雞肉咖哩／012 雞肉番茄咖哩
	55	013 燉煮牛肉塊咖哩／014 燉菜風牛肉咖哩
	56	015 綠色蔬菜牛肉咖哩
	57	016 馬鈴薯牛肉咖哩／017 萬苣牛肉咖哩
	58	018 蒜香牛肉咖哩／019 奶醬牛肉咖哩
	59	020 牛肉薑絲咖哩
	60	021 蕈菇牛肉咖哩／022 中華風牛肉咖哩
	61	023 大塊燉煮豬肉咖哩
	62	024 高麗菜豬肉捲椰汁咖哩／025 蘆筍豬五花捲牛奶咖哩
	63	026 鳳梨豬肉咖哩／027 番茄豬肉咖哩
	64	028 紅蘿蔔馬鈴薯豬肉咖哩／029 長蔥豬五花薑絲咖哩
	65	030 白菜豬肉橘醋咖哩／031 豬小里肌扇貝咖哩
	66	032 培根萬苣番茄咖哩
	67	033 燉菜風咖哩／034 燉煮漢堡排咖哩

68	**035** 蔬菜汁燉羊小排咖哩／**036** 紅酒漬羊肉咖哩
69	**037** 煎水煮蛋咖哩／**038** 綜合豆類咖哩
70	**039** 雞絞肉椰奶咖哩／**040** 雞絞肉油豆皮咖哩
71	**041** 雞絞肉牛蒡咖哩／**042** 絞肉豆苗炒蛋咖哩
72	**043** 紅蘿蔔西洋芹絞肉咖哩／**044** 綜合豆類牛絞肉咖哩
73	**045** 牛絞肉麻油小黃瓜咖哩／**046** 酪梨牛絞肉番茄咖哩
74	**047** 豬絞肉豆腐咖哩／**048** 豬絞肉與4種菇類咖哩
75	**049** 常備蔬菜椰奶咖哩／**050** 整塊高麗菜咖哩
76	**051** 厚切白蘿蔔番茄咖哩／**052** 南瓜玉米咖哩
77	**053** 青花菜與花椰菜咖哩／**054** 日式燉煮風咖哩
78	**055** 青江菜油豆皮長蔥咖哩／**056** 油豆腐鰹魚高湯咖哩
79	**057** 法式燉菜風咖哩／**058** 煮茄子薑汁醬油咖哩
80	**059** 新產洋蔥培根春蔬咖哩／**060** 青豌豆春蔬咖哩
81	**061** 3種夏季蔬菜咖哩／**062** 雙色甜椒夏季蔬菜咖哩
82	**063** 蘑菇堅果秋季蔬菜咖哩／**064** 茄子與金針菇秋季蔬菜咖哩
83	**065** 蕪菁長蔥冬季蔬菜咖哩／**066** 菠菜海苔冬季蔬菜咖哩
84	**067** 鷹嘴豆咖哩／**068** 綜合豆類咖哩
85	**069** 紅魽咖哩／**070** 鱈魚咖哩
86	**071** 鯖魚咖哩／**072** 竹莢魚咖哩
87	**073** 鮭魚咖哩／**074** 蛤蜊咖哩
88	**075** 烏賊咖哩／**076** 章魚咖哩
89	**077** 蝦子咖哩／**078** 蝦子綜合蔬菜咖哩
90	**079** 味噌煮鯖魚罐頭咖哩／**080** 蒲燒秋刀魚罐頭咖哩
91	**081** 花蛤巧達濃湯風咖哩／**082** 鮪魚罐頭咖哩燉飯
92	**083** 青椒牛肉炒咖哩
94	**084** 回鍋肉炒咖哩 ／**085** 青椒肉絲炒咖哩
95	**086** 韭菜炒蛋炒咖哩／**087** 蔬菜炒咖哩
96	**088** 韭菜豬肝豆芽菜炒咖哩／**089** 韭菜雞肝炒咖哩
97	**090** 中華風味噌茄子炒咖哩／**091** 麻婆茄子炒咖哩
98	**092** 麻婆豆腐炒咖哩／**093** 菠菜炒蛋炒咖哩
99	**094** 培根蛋炒咖哩／**095** 蕈菇炒咖哩
100	**096** 泡菜豬肉炒咖哩／**097** 泡菜魷魚炒咖哩
101	**098** 補充精力豬肉豆芽菜炒咖哩
102	**099** 高麗菜雞肉辣炒咖哩／**100** 秋葵納豆炒咖哩
103	**101** 扇貝青花菜炒咖哩／**102** 香腸馬鈴薯炒咖哩
104	**Tin Pan Column** 關於渡邊雅之

Part3	**香料咖哩**	
106	103 雞肉香料咖哩	
110	104 豬肉香料咖哩／105 肉末香料咖哩	
111	106 秋葵香料咖哩／107 綜合蔬菜香料咖哩	
112	108 鮭魚香料咖哩	
113	109 魚肉香料咖哩／110 綜合豆類香料咖哩	
114	111 喀拉拉風椰奶燉紅鮭／112 香蒜蝦仁咖哩	
115	113 香料奶醬燉煮蝦仁烏賊／114 馬賽魚湯風味沙丁魚咖哩	
116	115 燉煮肉丸咖哩／116 卡酥來風白香腸咖哩	
117	117 香料茄醬燉煮豬里肌／118 塔可風肉末咖哩	
118	119 香料蔬菜冷咖哩／120 土耳其風千層碎肉咖哩	
119	121 香料燉煮蔬菜／122 玉米奶油香料咖哩	
120	123 滿滿洋蔥濃湯咖哩／124 咖哩燉飯	
121	125 茄汁燉煮白腰豆咖哩／126 茄汁奶醬咖哩	
122	127 日式豬肉燴飯風咖哩／128 阿多波燉豬肉	
123	129 堅果奶醬雞肉咖哩／130 白醬燉煮雞肉咖哩	
124	131 黃豆咖哩／132 整顆檸檬燉煮雞肉咖哩	
125	133 煙燻堅果雞肉咖哩／134 簡便雞肉蘑菇奶醬咖哩	
126	135 肉汁燉煮豬肉咖哩／136 牛肝菌紅酒牛肉咖哩	
127	137 芝麻胡椒豬肉咖哩／138 胡桃豬肉咖哩	
128	139 雞肉蓮藕昆布高湯咖哩／140 毛豆嫩薑雞肉咖哩	
129	141 味噌燉牛筋咖哩／142 牛丼咖哩	
130	143 [常備咖哩醬]雞肉咖哩	
131	常備咖哩醬的作法	
133	144 [常備咖哩醬]簡便奶油雞肉咖哩／145 [常備咖哩醬]鷹嘴豆雞絞肉咖哩	
134	146 [常備咖哩醬]海鮮椰奶咖哩／147 [常備咖哩醬]薑汁鯖魚咖哩	
135	148 [常備咖哩醬]醋燉豬五花咖哩／149 [常備咖哩醬]豆漿汁肉末咖哩	
136	150 [常備咖哩醬]菠菜醬培根咖哩／151 [常備咖哩醬]羊肉馬鈴薯咖哩	
137	152 [常備咖哩醬]鵪鶉蛋咖哩／153 [常備咖哩醬]秋葵番茄起司咖哩	
138	154 回鍋肉乾炒咖哩／155 胡椒滷肉咖哩	
139	156 牛肉咖哩／157 黑醬肉末咖哩	
140	158 滿滿菇類咖哩／159 茄子番茄咖哩	
141	160 蔥薑雞肉咖哩／161 花蛤高麗菜咖哩	
142	162 一鍋到底番茄蔬菜湯風咖哩	
143	163 一鍋到底鯖魚咖哩／164 一鍋到底燉煮牛肉咖哩	
144	165 一鍋到底馬鈴薯燉肉咖哩／166 一鍋到底關東煮咖哩	

145	167 一鍋到底燉煮奶醬雞肉咖哩／168 一鍋到底魚丸與根莖菜咖哩	
146	169 一鍋到底豆腐泡菜咖哩／170 一鍋到底馬賽魚湯風咖哩	
147	171 雞肉蔬菜末咖哩	
148	172 雞腿長蔥鰹魚高湯咖哩／173 雞翅腿花椰菜醬汁咖哩	
149	174 雞腿爽脆青椒咖哩／175 雞翅腿蒜苗優格椰奶咖哩	
150	176 雞絞肉與三角軟骨椰奶咖哩／177 黑醋拌炒茄子豬絞肉咖哩	
151	178 雞絞肉青花菜豆漿咖哩／179 雞絞肉泰式打拋風咖哩	
152	180 雞胸肉與碎水煮蛋咖哩／181 雞肉丸子海苔佃煮咖哩	
153	182 雞胸肉甜椒堅果奶醬咖哩	
154	183 梅酒漬豬里肌咖哩	
155	184 豬背里肌與油豆腐椰奶咖哩／185 碎豬肉蓮藕優格醬咖哩	
156	186 豬五花軟骨茼蒿花椒咖哩／187 味噌漬豬肩里肌咖哩	
157	188 豬五花白菜苦椒醬咖哩／189 豬五花蕪菁顆粒芥末醬咖哩	
158	190 豬絞肉蝦仁咖哩／191 湯餃咖哩	
159	192 培根香腸馬鈴薯乾咖哩	
160	193 牡蠣番茄奶醬咖哩／194 章魚烏賊椰奶咖哩	
161	195 鮭魚鴻禧菇豆漿咖哩／196 小扁豆與鷹嘴豆奶咖哩	
162	197 雞肝番茄橙汁咖哩／198 紅酒醬沙朗牛排咖哩	
163	199 白蘿蔔牛筋咖哩／200 味噌優格漬內臟咖哩	
164	**Tin Pan Column**　關於Shankar Noguchi	
Part4	**印度咖哩**	
166	201 奶油雞肉咖哩	
170	202 2種洋蔥雞肉咖哩	
171	203 拌炒雞肉蔬菜咖哩／204 阿富汗雞肉咖哩	
172	205 鷹嘴豆馬薩拉咖哩	
173	206 扁豆湯／207 牛肉青豆肉末咖哩	
174	208 扁豆咖哩／209 秋葵洋蔥乾咖哩	
175	210 優格醬拌茄子咖哩／211 燉煮茄子咖哩	
176	212 醬漬羊肉咖哩／213 腰果優格醬燉煮羊肉咖哩	
177	214 茄汁燉羊肉咖哩／215 北印油煎羊肉咖哩	
178	216 雞肉馬薩拉咖哩／217 印度雞肉咖哩	
179	218 印度香菜醬雞肉	
180	219 胡椒雞肉／220 雞蛋馬薩拉咖哩	
181	221 杏仁奶油咖哩雞	
182	222 香料蒜香馬鈴薯／223 紅醬乳酪咖哩	

183	224	馬鈴薯花椰菜
184	225	菠菜起司咖哩
185	226	肉桂丁香腰果抓飯／227 綜合蔬菜咖哩
186	228	芥末醬魚肉咖哩／229 椰奶鮮蝦咖哩
187	230	羊肉印度香飯
188	231	喀拉拉雞肉咖哩
192	232	香料煎烤豬肉咖哩／233 南印香料牛肉咖哩
193	234	南印蝦仁椰奶咖哩
194	235	椰香桑巴湯／236 扁豆糊咖哩
195	237	椰絲香料雞肉咖哩
196	238	炸魚餅／239 鮮蝦馬薩拉
197	240	乾炒香辣羊肉
198	241	雞蛋馬薩拉／242 乾煎香辣雞肉
199	243	馬拉巴雞肉咖哩
200	244	腰果椰奶燉煮雞肉
201	245	印度65號香辣炸雞／246 南印優格椰香咖哩
202	247	南印茄子咖哩／248 南印椰奶燉煮咖哩
203	249	南印桑巴湯／250 秋葵優格咖哩
204	251	椰香炒菠菜／252 南印椰香炒高麗菜
205	253	羅望子蔬菜湯
206	254	魚肉咖哩／255 香煎魚塊
207	256	椰奶魚肉咖哩／257 燜煎魚肉
208	258	椰奶雞肉咖哩／259 喀拉拉奶油燉菜
209	260	溫達盧豬肉咖哩
210	**Tin Pan Column**	關於 Nair 善己

Part5　世界咖哩‧其他咖哩

212	261	［日本］咖哩麵包
218		咖哩麵包餡料的作法
219	262	［泰國］綠咖哩／263 ［泰國］黃咖哩
220	264	［泰國］紅咖哩／265 ［泰國］瑪莎曼咖哩
221	266	［泰國］帕能咖哩／267 ［泰國］叢林咖哩
222	268	［泰國］泰北金麵咖哩／269 ［馬來西亞］扁擔飯店的雞肉咖哩
223	270	［斯里蘭卡］斯里蘭卡風雞肉咖哩／271 ［斯里蘭卡］斯里蘭卡風魚肉咖哩
224	272	［斯里蘭卡］斯里蘭卡風蔬菜咖哩／273 ［斯里蘭卡］斯里蘭卡風豆子咖哩
225	274	［尼泊爾］尼泊爾風雞肉咖哩／275 ［尼泊爾］尼泊爾風羊肉咖哩

226	276 [尼泊爾]尼泊爾風豆子咖哩／277 [巴基斯坦]巴基斯坦燉牛肉
227	278 [孟加拉]孟加拉風魚肉咖哩／279 [緬甸]緬甸風蝦仁咖哩
228	280 [英國]瑪莎拉雞肉咖哩／281 [愛爾蘭]愛爾蘭酒吧雞肉咖哩
229	282 [德國]咖哩佐香腸／283 [瑞士]水果咖哩
230	284 [澳門]螃蟹咖哩／285 [牙買加]羊肉咖哩
231	286 [新加坡]咖哩魚頭／287 [新加坡]叻沙
232	288 [印尼]巴東牛肉／289 [印尼]椰香咖哩雞
233	290 [香料蔬菜糊]香料蔬菜咖哩（雞肉）
234	291 [香料蔬菜糊]香料蔬菜咖哩（辣味雞肉）／292 [香料蔬菜糊]香料蔬菜咖哩（牛肉）
235	293 [香料蔬菜糊]香料蔬菜咖哩（鮮蝦）／294 [香料蔬菜糊]香料蔬菜咖哩（綜合蔬菜）
236	295 [香料蔬菜末]香料蔬菜咖哩（章魚肉末咖哩）／296 [香料蔬菜末]香料蔬菜咖哩（毛豆肉末咖哩）
237	297 [乾燥香料蔬菜]香料蔬菜咖哩（雞肉咖哩）／298 [乾燥香料蔬菜]香料蔬菜咖哩（紅蘿蔔馬鈴薯）
238	299 湯咖哩（咖哩塊）／300 湯咖哩（香料風味）
239	301 無水咖哩
240	302 咖哩烏龍麵／303 長蔥咖哩蕎麥麵
241	304 咖哩義大利麵／305 咖哩炒飯
242	306 [即食咖哩]咖哩拌飯／307 [即食咖哩]乾咖哩
243	308 [即食咖哩]起司咖哩／309 [即食咖哩]乾咖哩烏龍麵
244	310 [即食咖哩]乾咖哩義大利麵／311 [即食咖哩]綠咖哩素麵
245	312 [即食咖哩]咖哩豬排飯／313 [即食咖哩]燒咖哩／314 [即食咖哩]飯店咖哩
246	315 [咖哩粉]咖哩奶油抓飯／316 [咖哩粉]咖哩燉飯／317 [咖哩粉]咖哩鍋
247	318 [咖哩塊]和風咖哩蓋飯／319 [咖哩塊]壓力鍋咖哩／320 [咖哩塊]納豆咖哩
248	**Tin Pan Column** 關於島健太

Part6	**香料配菜・飲品**
250	321 香料油漬沙丁魚／322 印度風醃漬白蘿蔔與鮪魚
251	323 罐頭鮪魚烤馬鈴薯／324 白酒奶醬煮鱈魚
252	325 肯瓊香料烤柳葉魚／326 咖哩炒培根馬鈴薯
253	327 粉紅胡椒醋漬魚／328 培根白醬熱壓三明治／329 肉桂丁香砂糖奶油烤吐司
254	330 咖哩風塔塔醬雞肉／331 自製拌飯咖哩香鬆
255	332 葡萄牙風醋漬雞肝／333 紅酒燉羊肉
256	334 葡萄牙風非洲雞／335 孜然柳橙紅蘿蔔沙拉／336 鼠尾草煎奶油馬鈴薯南瓜
257	337 一鍋到底咖哩麵／338 香料炊飯
258	339 辣味番茄燉煮雞肉杜松子／340 生火腿高麗菜沙拉

259		341 茴香簡易香腸／342 馬德拉風炒豬肉
260		343 印度風淺漬小黃瓜／344 咖哩奶油炒鷹嘴豆
261		345 香料檸檬涼拌鯛魚與蔬菜／346 孜然優格涼拌小黃瓜與西洋芹
262		347 顆粒芥末醃漬瑞可塔起司／348 葛拉姆馬薩拉白蘿蔔泥／
		349 蒜苗咖哩牛肉鬆
263		350 青椒與鹽醃罐頭牛肉／351 香料拌炒玉米粒／352 香料醃漬青豆
264		353 荷蘭芹拌茅屋起司／354 福神漬庫司庫司
265		355 香料美乃滋拌花生／356 綠辣椒漬番茄／357 印度風醃漬綠辣椒
266		358 香料檸檬水／359 香料柳橙汁／360 拉西
267		361 鳳梨拉西／362 藍莓拉西／363 小荳蔻拉西
268		364 香料奶茶／365 薑汁香料奶茶
269		366 薄荷香料奶茶／367 小荳蔻香料奶茶
270		368 香料咖啡／369 香料茶／370 各種香草茶
271		Tin Pan Column　關於佐藤幸二
272		**關於咖哩的 Q & A 100**
287		成員介紹

關於臉部圖示

「Tin Pan Curry」共有7名成員。本書中的370道食譜也是每個人分別在各自擅長的領域製作而成。以右邊的臉部圖示標示出食譜是由哪一位主廚提供的，請務必參考看看。在P.287中有每位成員的基本介紹。

 Mizuno Jinsuke　 Ito Sakari　 Watanabe Masayuki　 Shankar Noguchi

 Nair Yoshimi　 Shima Kenta　Sato Koji

---

本書的使用方法

● 1小匙＝5ml、1大匙＝15ml、1杯＝200ml。
● 使用微波爐時以600W為基準。
● 製作咖哩使用的鍋子為直徑22cm、深9cm的單手鍋，平底鍋則使用直徑24cm的產品。單手鍋或平底鍋皆建議使用材質較厚且有不沾塗層的。熱的傳導與水分蒸發的方式會因為鍋子的尺寸和材質有所不同。
● 請配合單手鍋或平底鍋的大小選用鍋蓋，盡可能使用可以完全蓋緊的蓋子。
● 蔬菜等如果沒有特別標示的話，皆省略不寫清洗、去皮等事前準備的步驟。

序章

歡迎來到咖哩的世界

都已經特別花時間製作了，任誰都會想做出美味的咖哩。
這時先暫時壓抑「好想趕快開始料理！」的想法，
只要能事前稍微知道關於咖哩的知識，
就能踏上做出一道美味咖哩的捷徑。
讓我們一同向迷人的咖哩世界跨出嶄新的一步吧！

咖哩的4大元素

究竟是什麼條件能讓咖哩成為咖哩呢？
在享用美味的咖哩時，如果能邊品嘗邊留意構成的元素，
就能更加深入地感受到咖哩的美味。

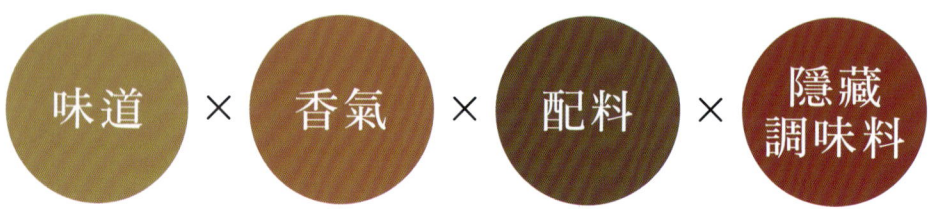

咖哩到底是什麼樣的料理？實際上構成咖哩的元素非常簡單。
只要能夠了解這4個元素，咖哩本身就會變得美味。
想做出什麼樣的味道？要怎麼讓香氣更加突出？要加入什麼配料或隱藏調味料？
像這樣要考慮很多部分，也是製作咖哩的樂趣呢！

基底的味道

原本是會透過充分拌炒香料或蔬菜，提引出其香氣和鮮味，以其做成咖哩的基底。
不過也可以用現成咖哩塊等物，輕鬆調好味道。

咖哩塊

咖哩塊中加入了香料、鹽、油、麵粉、鮮味調味料等，是食品公司為了做出「大家都喜歡的味道」之努力結晶。

常備咖哩醬

想要輕鬆製作咖哩但覺得用咖哩塊稍嫌不足時，可以事先準備好這款「常備咖哩醬」。可以做出更加香辣的咖哩。

＊「常備咖哩醬」的作法請參考P.131～132。

香料的香氣

聽到咖哩最先想到的應該就是其香氣吧。而使用香料的最重要步驟為「加熱萃取出香氣」。
為了能夠讓香氣更加凸顯，香料放入鍋中的時間點也是一大重點。

最開始時的香氣

製作香料咖哩時，大多會從將原型香料放入鍋中和液體油一起煎製開始。因為原型香料比較不易加熱過度，所以可以透過慢慢煎製而萃取出其香氣，將香氣轉移到液體油中。

中途加入的香氣

如果使用香料粉的話，在轉為小火後再加入混合就比較不容易炒焦。也能充分和油脂融合而提引出香氣。也是由香料粉來決定咖哩最終呈現出的色澤。

最後完成的香氣

最後加入新鮮香料蔬菜並快速混合攪拌，不同的香氣能為咖哩增添亮點，並讓咖哩整體更加趨於完成。為了不讓香氣消散，只要稍微加熱即可。

配料的滋味

「世界上沒有和咖哩不搭的食材！」我想即使這麼說也不為過。
經過一番考慮決定主要配料後，選擇適合配料的料理方式就能做出美味的咖哩。

肉類

雖然一口氣將肉類加入咖哩中也不是不行，但在加入之前先煎製過更能增添香氣。也很建議先將肉醃漬過後再加入。

魚類

重點是不要將魚肉過度加熱。因為這樣會使魚肉變硬且釋放出魚肉特有的腥味。大概和製作醬汁的最後步驟同時加入煮熟即可。

蔬菜

印度有為數不少的蔬食主義者，所以也有種類豐富的蔬菜咖哩。會將蔬菜切碎後當成醬汁使用，或是把蔬菜當成主要食材加入其中。

其他

嚴格來說應該是屬於「蔬菜」、口感豐富的豆類也是一種很重要的咖哩配料。將豆類壓碎並做成滑順質地的扁豆泥也很美味。

隱藏調味料

隱藏調味料只要加入一點點就能更加呈現出滋味的深度。
想像一下自己想做出來的味道,選擇輔助最佳的隱藏調味料。請加入適當的分量。

水分調味料

葡萄酒

以濃郁厚重的滋味與香氣提引出咖哩滋味的豐富變化。

常用調味料
· 葡萄酒
· 咖啡

奶類製品

奶油

能產生濃郁且柔和的口感,是經典的隱藏調味料。

常用調味料
· 奶油　　　· 優格
· 鮮奶油　　· 起司

甜味劑

柑橘醬

不僅能增添甜味,還有香氣與芳醇,可謂一石二鳥。

常用調味料
· 柑橘醬　　· 黑糖
· 蜂蜜　　　· 巧克力
· 藍莓果醬

發酵調味料

醬油

能瞬間讓咖哩滋味變得樸實,是增添風味的重要角色。

常用調味料
· 醬油　　　· 味醂
· 鹽麴　　　· 魚露
· 味噌　　　· 顆粒芥末醬

高湯類

雞高湯顆粒

能帶來鮮味,絕對能讓咖哩變得超級美味!

常用調味料
· 雞高湯顆粒　· 小魚乾
· 高湯顆粒　　· 柴魚片
· 昆布　　　　· 蝦乾

其他

綜合堅果

加入堅果等的醇厚風味,做出滋味濃郁的咖哩。

常用調味料
· 綜合堅果
· 炸洋蔥絲
· 芝麻粉

大家都想知道的洋蔥使用技巧

洋蔥是製作咖哩時不可或缺的食材,料理方式也有無數種。
在這裡嚴選出最基本的技巧來向大家說明。
一開始只要學會這些技巧就沒問題了!

只要記得這3種切法就OK!

為什麼洋蔥的切法會因為食譜不同而改變呢?
這是洋蔥加熱時的熟度會因切法不同而改變,也會影響完成時的風味與入口的口感。
如果能先想好成品並選擇相應的洋蔥切法,就是非常理解咖哩的高手了!

薄片	碎末	月牙形

將洋蔥從頭縱向剖成一半後縱向切成薄片,如此一來就能較容易煮熟並留下口感。比較好切也是其重點。

不需要小心翼翼地切得非常細碎,只要大略切成碎末即可。這樣的洋蔥能和咖哩醬汁融合在一起,一壓就碎,口感柔軟。

將洋蔥從頭縱向剖成一半後沿著纖維的生長方向斜斜切入。能夠直接品嘗到洋蔥原本的甜味及鮮味。

該怎麼拌炒才好呢？

洋蔥加熱後會上色且更增添香氣（梅納反應），
並透過拌炒讓水分逸散，使鮮味凝縮於其中。
剛開始先來練習初學者也能簡單操作的2種調理方式吧。

拌炒　　成品充滿香氣，是料理洋蔥的最佳作法

1　在鍋中放入油並且以中火加熱，放入洋蔥。

2　大略快速混拌後轉為大火，將洋蔥在鍋中撥散拌炒。

3　持續拌炒直到洋蔥焦化上色為止。

水煮後拌炒　　充分享受洋蔥的柔軟口感與甜味

1　將水（或熱水）和洋蔥放入鍋中，蓋上鍋蓋以大火煮約10分鐘。

2　打開鍋蓋後攪拌鍋中洋蔥，使鍋底的水分蒸散。

3　加入油後將整體快速混拌，將洋蔥表面煎製過。

4　洋蔥炒至上色後，一邊充分攪拌一邊讓洋蔥均勻炒熟。

---

memo

最適合咖哩的洋蔥顏色？

一旦掌握了洋蔥的加熱方法，也會浮出「到底要炒到什麼程度才好呢」的疑問。這取決於你想做出的味道和顏色，但首先以「金黃焦糖色（狐色）」為目標即可。如果更加講究一些，想要做出清淡口味的話就炒至「微焦淺褐色（鼬色）」；想要做出濃郁口感時就拌炒至呈「焦化深褐色（狸貓色）」。請依據料理的需求區分使用。

微焦淺褐色（鼬色）　　金黃焦糖色（狐色）　　焦化深褐色（狸貓色）

基本工具

如果手邊已經有慣用的工具，那麼就不需太過煩惱。但鍋子的材質等在加熱時會有很大的影響，因此選用較厚實的產品比較不容易失敗。

01
磨泥器
需要磨製蒜泥或薑泥時的便利工具。

02
調理盆
準備幾個尺寸不同的即可。在醃漬食材時也會派上用場。

05
量杯
材質為耐熱玻璃的量杯較方便使用。在做炒咖哩時非常便利。

06
料理秤
在秤量食材或香料分量時也會使用。

07
砧板
不必特別準備其他砧板。使用的時候要保持清潔。

08
菜刀
最好是用自己慣用的菜刀。事前先研磨刀刃做好準備。

03
耐熱容器
準備玻璃等的耐熱容器，在秤量香料時會較便利。

04
量匙
建議使用能清楚量出「平匙」的量匙。也會用來秤量香料。

09
鍋子
請選用材質較厚實的不沾加工鍋。推薦使用有附蓋子的單手鍋。

10
盛盤器皿
咖哩的印象會因器皿而變化。試著找找看能呈現完美氣氛的器皿吧！

11
木鏟
製作拌炒步驟繁多的咖哩時的好夥伴。但要留意會被染色。

12
橡膠刮刀
刮除黏在鍋邊的醬料時最適合的工具。

13
勺子
用盛盤用湯匙舀取咖哩會比較方便。

14
西式餐具（刀叉、湯匙）
選擇自己喜歡且方便使用的即可。

Tin Pan Column

關於「Tin Pan Curry」這個團體

　　在某個街角有棟老舊的建築。建築外的看板上寫著「Tin Pan Curry」。進入建築物中就能感受到香料的香氣。建築內部依樓層分成不同的小房間，最大的房間中陳列著書籍並可供販售。沒錯，這裡就是專門販售咖哩食譜的專門書店。從想要開發新食譜的主廚、專家到一般民眾，每天有不同需求的人造訪。

　　特別值得一提的是，這裡並不僅僅是書店。在書架旁的某個角落會設立「諮詢專區」。在這裡可以根據需求討論想要的食譜，如果帶著自己喜歡的食譜造訪，就會有人帶領你到其他小房間。每個小房間都有小小的看板，分別寫著「所有類型咖哩」、「專家咖哩」、「新手咖哩」、「北印度咖哩」、「南印度咖哩」、「咖哩麵包／其他」、「香料菜餚」，共有7個房間。

　　依照指示開門後，主廚已經在房間裡等著你。房間中有簡單的廚房，主廚會為你再現出你喜歡的食譜。也會提供製作料理時的建議等。是一棟有7位開發食譜＆料理專家集團等您造訪的建築。這裡就是「Tin Pan Curry」。這是一個多麼美好的天地呀！我經常在腦海中幻想有這麼一個地方。順帶一提，我是負責「所有類型咖哩」那一區。（水野仁輔）

Part 1

咖哩塊和香料的不同

用即時咖哩塊和用香料製作的咖哩
有什麼差別?哪一種比較好吃?
對製作咖哩的人來說其中有很大的不同!
但最重要的是自己想做出什麼樣的咖哩。
先理解各自的特色後再依喜好、場合來分別製作吧。

製作咖哩的主要基底

對咖哩來說不可或缺的香氣,是由這些食材組合而產生的。
依照想花多少時間製作正統咖哩來區分使用!

想花點工夫
製作充滿香氣的
正統派咖哩!

想享受咖哩的香氣
但要準備很多香料
好麻煩……

想輕鬆做出
比用咖哩塊更加
正統的咖哩!

香料

咖哩粉

咖哩醬

香料負責產生香氣。將各種不同香料組合搭配,製作出咖哩的香氣。咖哩的味道和鮮味則必須透過其他食材或料理技巧來補足。

準備各種不同的香料是製作咖哩時的樂趣,但如果覺得很麻煩的話,將香料粉混合而成的咖哩粉就能派上用場。使用咖哩粉的話也要再另外加入調味和鮮味。

咖哩醬中不僅有香料,還加入了洋蔥等蔬菜或能產生鮮味的成分。所以只要和水及配料一起熬煮,就能簡單做出美味的咖哩。

將多種香料調配在一起

加入調味料和香料蔬菜更增添鮮味

加入濃稠感或濃郁感,做成碎塊狀

需要技巧

> memo
> **印度咖哩醬和泰式咖哩醬的不同之處**
> 印度咖哩醬中竟然已經加入炒過的洋蔥！省下非常麻煩的拌炒洋蔥步驟，實在非常便利；另一方面，泰式咖哩醬中則是加入泰國產的蒜頭和薑，另外會加入大量檸檬香茅等香草或香料蔬菜，輕鬆就能品嘗到道地的滋味。

想要快速做出少量咖哩時最適合的產品是？	想要成功做出經典滋味的話？	想要快速輕鬆就能品嘗咖哩！
咖哩碎塊	咖哩塊	即食咖哩包

在咖哩醬中加入麵粉與油脂後做成咖哩碎塊。可以自己調整加入的分量，能快速溶解也是一大優點，想在短時間內製作少量咖哩時非常方便。

說到家常咖哩的話就非咖哩塊莫屬。用油脂將和咖哩碎塊相同的原料做成固體，所以不管是風味、鮮味或是黏稠度都很足夠。是不太需要技巧就能輕鬆使用的產品。

已經加入調理完成的配料，「只要加熱就可以享用」的即食咖哩包。最近在超市等店鋪中也能看到許多不同種類，可以輕鬆享用道地的咖哩。

加入油脂凝固後更方便使用

咖哩醬汁和配料都已料理完成

▶ 不需要技巧

001 基本款咖哩塊咖哩

充滿懷舊感的基本款咖哩塊咖哩。
以「Tin Pan Curry」流技巧，
加入薑後做出清爽的口味。
這裡介紹的是雞肉咖哩，
但可以依照喜好用豬肉或牛肉製作。

材料（2人份）

雞腿肉（切成一口大小）…150g
油…1大匙
蒜頭（切碎末）…1小瓣
洋蔥（切月牙狀）…1/2個
馬鈴薯（切成一口大小）…1小個
紅蘿蔔（切成較小的一口大小）…1/3根
水…400ml
醬油…1小匙
柑橘醬…1小匙
咖哩塊…2人份
薑（切細絲）…1片

Step 1
拌炒雞肉和蒜頭

1 將雞肉放入鍋中煎製。　　**2** 煎到表面上色後取出備用。

3 在同一個鍋中倒入油開中火加熱，放入蒜末拌炒至散發出香氣為止。

Step 1	Step 2	Step 3	Step 4	Step 5
拌炒雞肉和蒜頭	拌炒洋蔥	放入配料煮至沸騰	加入隱藏調味料燉煮	加入咖哩塊後完成

Step 2
拌炒洋蔥

4 在鍋中加入洋蔥和水（分量外）。

5 用小火熬煮約3分鐘。

6 洋蔥變透明後用木鏟拌炒至水分蒸散。

7 以中火拌炒至洋蔥呈現金黃焦糖色。

Step 1	**Step 2**	Step 3	Step 4	Step 5
拌炒雞肉和蒜頭	**拌炒洋蔥**	放入配料煮至沸騰	加入隱藏調味料燉煮	加入咖哩塊後完成

Step 3
放入配料煮至沸騰

8 在鍋中加入馬鈴薯和紅蘿蔔後混合攪拌。

9 倒入水後以小火煮約5分鐘至鍋中沸騰。

10 煮至湯汁和照片中顏色相近即可。

Step 1	Step 2	**Step 3**	Step 4	Step 5
拌炒雞肉和蒜頭	拌炒洋蔥	放入配料煮至沸騰	加入隱藏調味料燉煮	加入咖哩塊後完成

Step 4
加入隱藏調味料燉煮

11 加入醬油混合攪拌。　　　**12** 加入柑橘醬混合攪拌。

13 蓋上鍋蓋，以小火熬煮約5分鐘。

Step 1	Step 2	Step 3	**Step 4**	Step 5
拌炒雞肉和蒜頭	拌炒洋蔥	放入配料煮至沸騰	**加入隱藏調味料燉煮**	加入咖哩塊後完成

Step 5
加入咖哩塊後完成

14 關火後打開鍋蓋，加入咖哩塊攪拌使其溶解。

15 加入薑絲混合攪拌，以小火稍微加熱一下。

完 成

Step 1	Step 2	Step 3	Step 4	Step 5
拌炒雞肉和蒜頭	拌炒洋蔥	放入配料煮至沸騰	加入隱藏調味料燉煮	加入咖哩塊後完成

002 基本款香料咖哩

製作香料咖哩很困難嗎？
其實只要在一開始
準備好需要的香料，
意外地一點都不難。
熟悉作法後可以試看看
依照喜好調整香料分量！

材料（2人份）

洋蔥（切月牙狀）…1/2大個
熱水…150ml
油…2大匙
● 原型香料
　小豆蔻…2粒
　丁香…3粒
　肉桂棒…1/3根
蒜頭（切碎末）…1瓣
番茄（切大塊）…200g

● 香料粉
　薑黃粉…1/2小匙
　甜椒粉…1/2小匙
　孜然粉…1小匙
　胡荽粉…1小匙
鹽…略多於1/2小匙
雞腿肉（切成一口大小）…250g
水…200ml
柑橘醬…1大匙
濃口醬油…2小匙
薑（切細絲）…1片
葛拉姆馬薩拉綜合香料…1/2小匙

Step 1
拌炒洋蔥

1 在鍋中放入洋蔥和熱水，以大火煮沸。

2 蓋上鍋蓋後繼續煮約10分鐘。

3 打開鍋蓋後轉為中火，拌炒至鍋中的水分收乾為止。

Step 1	Step 2	Step 3	Step 4	Step 5
拌炒洋蔥	加入原型香料拌炒	加入香料粉拌炒	加入雞肉燉煮	加入綜合香料後完成

Step 2
加入原型香料拌炒

4 加入油、原型香料和蒜末。

5 用木鏟一邊攪拌
一邊以中火拌炒至產生香氣。

6 將洋蔥拌炒至呈現金黃焦糖色為止。

Step 1	Step 2	Step 3	Step 4	Step 5
拌炒洋蔥	加入原型香料拌炒	加入香料粉拌炒	加入雞肉燉煮	加入綜合香料後完成

Step 3
加入香料粉拌炒

7 加入番茄混合攪拌。

8 拌炒至番茄變得軟爛且收乾水分為止。

9 用木鏟刮看看鍋底,兩側醬汁沒有回流的話即可。

╱ 這被稱為「咖哩之路」！╲

10 加入香料粉與鹽。

Step 1	Step 2	**Step 3**	Step 4	Step 5
拌炒洋蔥	加入原型香料拌炒	**加入香料粉拌炒**	加入雞肉燉煮	加入綜合香料後完成

Step 4
加入雞肉燉煮

11 加入雞肉充分攪拌均勻。

12 拌炒至雞肉整體表面上色為止。

13 倒入水後以大火煮至沸騰。

14 加入柑橘醬與醬油混拌，蓋上鍋蓋以小火燉煮約10分鐘。

Step 1	Step 2	Step 3	Step 4	Step 5
拌炒洋蔥	加入原型香料拌炒	加入香料粉拌炒	加入雞肉燉煮	加入綜合香料後完成

Step 5
加入綜合香料後完成

15 關火後打開鍋蓋，如照片所示燉煮至整體融合即可。

16 在最後加入薑絲和葛拉姆馬薩拉綜合香料後混拌。

完成

Step 1	Step 2	Step 3	Step 4	**Step 5**
拌炒洋蔥	加入原型香料拌炒	加入香料粉拌炒	加入雞肉燉煮	**加入綜合香料後完成**

003 結合所有優點的究極版咖哩

「要準備這麼多種香料，
一開始的門檻就很高呢……」
這道咖哩非常推薦給這樣想的人。
用咖哩粉做出香料風味、
用咖哩塊增添濃郁感，集結優點的美味咖哩！

材料（2人份）

油…2大匙
洋蔥（切月牙狀）…1/2大個
蒜頭（磨泥）…1瓣
薑（磨泥）…1片
牛肉片（切成一口大小）…200g
番茄（切大塊）…1個
咖哩粉…1大匙
鹽…略多於1/2小匙
水…200ml
咖哩塊…0.5人份

Step 1
拌炒洋蔥

1 在鍋中放入油開中火加熱,加入洋蔥。

2 拌炒至洋蔥表面稍微上色。

3 加入蒜泥與薑泥拌炒至生澀氣味消散。

Step 1	Step 2	Step 3
拌炒洋蔥	加入配料和咖哩粉燉煮	加入咖哩塊後完成

Step 2
加入配料和咖哩粉燉煮

4 加入牛肉。

5 拌炒至牛肉整體上色為止。

6 加入番茄混合後加入咖哩粉和鹽。

7 倒入水後以大火煮至沸騰，蓋上鍋蓋再轉小火燉煮約10分鐘。

Step 1	Step 2	Step 3
拌炒洋蔥	加入配料和咖哩粉燉煮	加入咖哩塊後完成

Step 3
加入咖哩塊後完成

8 打開鍋蓋,整體大約燉煮至如照片所示般即可。

9 最後加入咖哩塊,攪拌使咖哩塊溶解。

完 成

Step 1	Step 2	Step 3
拌炒洋蔥	加入配料和咖哩粉燉煮	加入咖哩塊後完成

主要使用的香料一覽表

要準備製作咖哩用的香料，首先要先知道該怎麼分類以及有哪些種類。
只要知道香料的特性，從這麼多香料中選出幾樣也能做出美味的咖哩。

※這裡只介紹主要使用的香料。依照食譜需求，也可能會使用其他香料。

香料的類別

香料主要有加入香氣、加入辣味、加入顏色等3種效果。在這些前提下，透過直接使用新鮮香料、使用乾燥的原型香料、使用香料粉，改變上述3種效果的平衡，就能做出各種不同的咖哩。像這樣因香料組合而產生無限的可能性，正是咖哩吸引人之處！

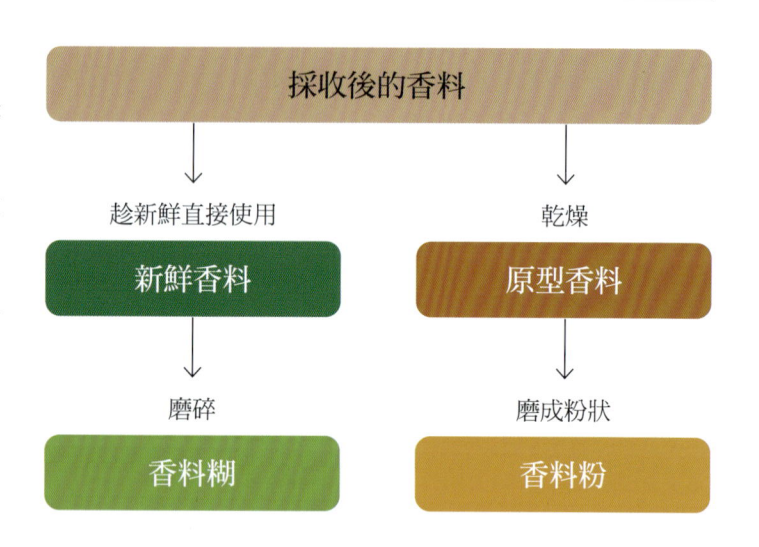

```
採收後的香料
    ↓                    ↓
趁新鮮直接使用           乾燥
  新鮮香料              原型香料
    ↓                    ↓
   磨碎                磨成粉狀
  香料糊                香料粉
```

薑黃

用來為咖哩增添顏色與香氣。雖多認為是用來增加咖哩的黃色色澤，但其實薑黃粉帶有土壤般的特殊香氣，也很適合用來襯托出其他香氣。

紅辣椒

用來為咖哩增添辣味與香氣。是在調整咖哩辣度時不可或缺的香料，但是辣椒其實也充滿香氣，要小心不要加入過多的分量。

粉末　　原型　　新鮮香料

香菜（胡荽）

用來增添咖哩的香氣。胡荽籽的特色是帶有甜味及清爽香氣。味道強烈，擔任調整咖哩整體香氣平衡的重要角色。

孜然

用來增添咖哩的香氣。綜合香料中不可或缺的咖哩香氣代表。也很適合單獨使用，是最希望大家能常備的香料。

葛拉姆馬薩拉綜合香料

將香料粉混合在一起的產品。其中包含的香料會因為製作者而有所不同，但想要快速取得香氣的平衡時非常便利。

甜椒

用來為咖哩增添顏色與香氣。和辣椒雖然屬於同類但並不辣。氣味也比辣椒更溫和且更香。

主要使用的香料一覽表

葫蘆巴葉

用來增添咖哩的香氣。是帶有甜甜香氣的乾燥香草植物。也有粉末狀的產品，大多會在最後步驟加入乾燥葉子混合後燉煮。

小豆蔻

用來增添咖哩的香氣。帶有清爽的果香，有「香料中的女王」之稱。要製作香料咖哩時必備的香料之一。

咖哩葉

用來增添咖哩的香氣。新鮮的葉子帶有柑橘類香氣，常用於印度南部或斯里蘭卡。特色是在拌炒或燉煮後會散發出迷人香氣。

丁香

用來增添咖哩的香氣。丁香是植物的花蕾而非種子，在香料中非常罕見。可減少肉腥味，產生香甜且帶刺激性的濃郁香氣。

> memo

保存香料的方法

香料的有效期限一般來説大多約為 2 年，但存放越久香氣就會越來越消散，所以最好是儘快使用。要保存時請放入密封容器並放置於陰涼處。放在太靠近爐火或陽光直射處的話，香料品質會快速劣化，要多加留意。推薦放在可以看到內容物的透明容器中，這樣就能方便確認剩餘的分量。

肉桂

用來增添咖哩的香氣。是種以其獨特香氣為特色的香料。製作咖哩時大多會將原型肉桂棒用油炒取出香氣，但要留意不要過量。

茴香

用來增添咖哩的香氣。特徵是帶有如焦糖般的香甜氣味。能夠襯托出食材的鮮味，所以經常應用在各種不同料理中。

黑胡椒

用來增添咖哩的辣味和香氣。可説是最廣為人知的香料，是製作辛辣刺激的辣味咖哩時的必備材料。大多會使用整粒黑胡椒或粗磨黑胡椒。

芥末籽

用來增添咖哩的辣味和香氣。芥末籽用油加熱後會發出啪滋啪滋的氣泡聲，同時也會產生如堅果般的香氣與微微的苦味與辣味。

Tin Pan Column

關於團長伊東盛

在咖哩食譜開發專家集團「Tin Pan Curry」中負責「專家咖哩」部門。從咖哩熱愛者喜愛的「用香料製成的咖哩」到用咖哩塊製作的簡單咖哩,他能全部包辦並研發食譜。除此之外他還有另外一個身分,就是擔任「東京咖哩〜番長」這個到府料理集團的團長,目前已經做了20多年。

他所具有的非常豐富之到府料理和現場料理經驗,也在研發最新咖哩食譜時充分發揮。由於已經完美掌握了香料的配方和咖哩的料理技巧,所以具備了在任何狀況下都能做出美味咖哩的特殊技能。此外,也開設許多教學嚴謹的料理課程,廣獲好評。

由於在味覺與嗅覺方面有獨到的見解,所以長期以來在「東京咖哩〜番長」中,都是擔任團長,負責在最後步驟確認料理鹹度和食材的鮮度等。此外還在知名的大型食品公司背後協助研發新商品、監修咖哩專賣店菜色等,十分忙碌。雖然曾經連續2年登上某人氣料理雜誌的咖哩特輯封面,取得前所未有的成就,但整體來說,我認為他在世人眼中還尚未得到與其相稱的評價。(水野仁輔)

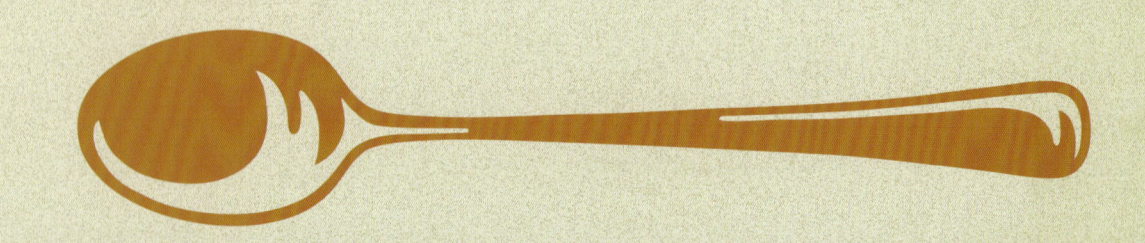

Part 2

咖哩塊咖哩

如果認為咖哩會因為是用咖哩塊做出來的
所以味道都十分相似,那就大錯特錯了!
只要變換配料或調味料,
就能做出完全不覺得是用同一種咖哩塊做出來的、
變化豐富多樣的咖哩。

004 ——— 蒜頭×薑帶來的強烈衝擊感，讓人食慾大開的一道咖哩！

香料雞肉咖哩

咖哩塊咖哩

材料（2人份）

油⋯1大匙
長蔥（切圓片）⋯50g
紅蘿蔔（切碎末）⋯50g
西洋芹（切碎末）⋯50g
蒜頭（切碎末）⋯1小瓣
薑（切碎末）⋯1片
雞翅腿（劃入切口）⋯200g
番茄（切大塊）⋯150g
水⋯600ml
咖哩塊⋯2人份

作法

1. 在鍋中放入油後開中火加熱，加入長蔥拌炒。

2. 加入紅蘿蔔拌炒。

3 加入西洋芹拌炒。

4 加入蒜末與薑末。

5 拌炒至整體出現焦色為止。

6 加入雞翅腿混合拌炒。

7 加入番茄和水煮至沸騰,蓋上鍋蓋以小火燉煮約30分鐘。

8 維持小火狀態加入咖哩塊攪拌溶解,再快速燉煮一下即可。

005 — 加入番茄的酸味，吃起來非常清爽的最新夏季必備咖哩

夏季雞肉咖哩

材料（2人份）

油…2大匙
茄子（切成1cm塊狀）…1根
洋蔥（切成2cm塊狀）…1/2個
蒜頭（磨泥）…1小瓣
雞腿肉（切成一口大小）…120g
水…200ml
咖哩塊…2人份
番茄（切大塊）…1個

作法

1. 在鍋中放入油以中火加熱。加入茄子後蓋上鍋蓋，燜煎至整體出現微微焦色且變得柔軟為止。
2. 放入洋蔥、蒜泥和雞肉，大致混合攪拌。
3. 倒入水後以大火煮至沸騰，轉為小火後放入咖哩塊攪拌至溶解，加入番茄再稍微燉煮一下即可。

006 — 穀麥片的口感和香氣更添亮點

雞肉蘑菇咖哩

材料（2人份）

油…1大匙
洋蔥（切粗末）…1/2個
褐色蘑菇（切成4等分）…1盒（100g）
雞腿肉（切成略小的一口大小）…100g
水…200ml
咖哩塊…1.5人份
穀麥片…3大匙（30g）

作法

1. 在鍋中放入油以中火加熱，加入洋蔥和褐色蘑菇，拌炒至洋蔥變得柔軟透明為止。
2. 加入雞肉拌炒至表面整體上色，倒入水後以大火煮至沸騰，蓋上鍋蓋以小火再燉煮約5分鐘。
3. 放入咖哩塊攪拌溶解，加入穀麥片後再稍微燉煮一下即可。

007　　充滿香氣的芝麻風味和菠菜是絕配！
綠色蔬菜雞肉咖哩

材料（2人份）

油…1大匙
雞腿肉（切成一口大小）…150g
蒜頭（磨泥）…1小瓣
薑（磨泥）…1片
水…200ml
咖哩塊…2人份
焙煎白芝麻…2大匙
菠菜（快速汆燙後切大段）…3株

作法

1. 在鍋中放入油以中火加熱，加入雞肉、蒜泥、薑泥拌炒至雞肉表面整體上色。
2. 倒入水後以大火煮至沸騰，轉為小火後加入咖哩塊攪拌溶解。
3. 加入白芝麻和菠菜後再稍微煮一下即可。

008　葡萄酒雞肉咖哩

宛如燉煮小牛高湯！充滿葡萄酒香氣的成熟風味咖哩

材料（2人份）

油…2大匙
西洋芹（切碎末）…100g
紅蘿蔔（切碎末）…1/2根
洋蔥（切碎末）…1/2個
雞翅中…12支
紅酒…200ml
水…200ml
砂糖…1/2小匙
咖哩塊…2人份

作法

1. 在鍋中放入油以中火加熱，加入西洋芹、紅蘿蔔與洋蔥大略拌炒過。
2. 放入雞翅中、紅酒與水後轉為大火煮至沸騰，加入砂糖並蓋上鍋蓋以小火燉煮約20分鐘。
3. 加入咖哩塊攪拌至溶解即完成。

1　蔬菜大約拌炒至呈現照片中的狀態。因為先將蔬菜切成碎末，所以就算只稍微拌炒過也能確實炒至熟透柔軟。

009 — 在充滿奶香的醬汁中加入甜椒的香氣
奶醬雞肉咖哩

材料（2人份）

油…1大匙
甜椒（切成一口大小）…200g
雞腿肉（切成一口大小）…120g
水…150ml
咖哩塊…2人份
鮮奶油…100ml

作法

1. 在鍋中放入油以中火加熱，加入甜椒後蓋上鍋蓋，燜煎至甜椒微焦。
2. 加入雞肉拌炒，倒入水後以大火煮至沸騰再燉煮約5分鐘。
3. 轉為小火後加入咖哩塊攪拌至溶解，倒入鮮奶油後再稍微煮一下即可。

---

010 — 檸檬的清爽香氣讓人胃口大開
檸檬雞肉咖哩

材料（2人份）

油…1大匙
洋蔥（切月牙狀）…1/2個
雞翅腿…4支
水…500ml
砂糖…1/2小匙
咖哩塊…2人份
檸檬汁…1/2個份

作法

1. 在鍋中放入油以中火加熱，加入洋蔥和雞翅腿後大略拌炒一下。
2. 倒入水後以大火煮至沸騰，加入砂糖並蓋上鍋蓋，以小火燉煮約30分鐘。
3. 加入咖哩塊攪拌至溶解，倒入檸檬汁後再稍微煮一下即可。

011 —— 香辣美味！讓人停不下來、很適合夏天的咖哩
香辣雞肉咖哩

材料（2人份）

油…1大匙
蒜頭（切薄片）…2瓣
紅辣椒（去籽）…5根
雞翅（二節翅）…4根（220g）
番茄醬…2小匙
水…300ml
咖哩塊…1人份

作法

1. 在鍋中放入油、蒜片與紅辣椒後以中火加熱，充分拌炒至上色為止。
2. 加入雞翅、番茄醬和水，以大火煮至沸騰後蓋上鍋蓋，再轉小火燉煮約20分鐘。
3. 加入咖哩塊攪拌至溶解即可。

012 —— 結合番茄的酸味和入口即化的雞翅中之絕品咖哩！
雞肉番茄咖哩

材料（2人份）

雞翅中…10根
番茄罐頭…1/2罐
水…200ml
花生醬…1大匙
咖哩塊…2人份

作法

1. 在鍋中放入咖哩塊之外的所有材料，開大火煮至沸騰，充分混合攪拌後蓋上鍋蓋，再以小火燉煮約20分鐘。
2. 加入咖哩塊攪拌至溶解即可。

013 — 滿滿咖哩鮮味的大塊肉塊讓人神魂顛倒
燉煮牛肉塊咖哩

材料（2人份）

牛肉（塊狀五花肉，切成寬3cm塊狀）…250g
長蔥（切成寬3cm段）…1根
柑橘醬…2小匙
水…600ml
咖哩塊…2人份

作法

1　在鍋中放入咖哩塊之外的所有材料，開大火煮至沸騰，充分混合攪拌後蓋上鍋蓋，再以小火燉煮約30分鐘。
2　加入咖哩塊攪拌至溶解即可。

014 — 天冷會想吃的咖哩！慢慢燉煮做出燉菜風味
燉菜風牛肉咖哩

材料（2人份）

牛肉（塊狀五花肉，切成寬2cm塊狀）…200g
紅蘿蔔（切成略小的一口大小）…1/3根
白蘿蔔（切成一口大小）…1/5根
鹽麴…2小匙
水…400ml
咖哩塊…1.5人份

作法

1　在鍋中放入咖哩塊之外的所有材料，開大火煮至沸騰，充分混合攪拌後蓋上鍋蓋，再以小火燉煮約30分鐘。
2　加入咖哩塊攪拌至溶解即可。

015 — 黏稠但口感清脆的秋葵和新鮮香菜是絕配

綠色蔬菜牛肉咖哩

材料（2人份）

油…1大匙
洋蔥（切碎末）…1/2個
牛肉（塊狀五花肉，切成寬1cm塊狀）…100g
水…200ml
咖哩塊…1.5人份
濃口醬油…2小匙
秋葵（切成寬1cm段）…10根
香菜（切碎末）…2株

作法

1. 在鍋中放入油以中火加熱，加入洋蔥和牛肉大略拌炒。
2. 倒入水後以大火煮至沸騰，再轉為小火稍微煮過，加入咖哩塊和醬油，攪拌至均勻溶解。
3. 放入秋葵後再加熱約3分鐘。
4. 最後放入香菜再稍微煮一下即完成。

4

一口氣放入大量香菜！在最後步驟中大略加熱一下就好，這樣更能品嘗到新鮮香菜的香氣。

016　馬鈴薯牛肉咖哩

吸收咖哩的鬆軟馬鈴薯，是充滿西洋風味的一道

材料（2人份）

油⋯1大匙
牛肉片⋯100g
洋蔥（切厚片）⋯1/2個
焙煎白芝麻⋯2小匙
水⋯300ml
馬鈴薯（切厚片）⋯2個
咖哩塊⋯2人份

作法

1. 在鍋中放入油以中火加熱，加入牛肉、洋蔥和芝麻後大略拌炒。
2. 倒入水後以大火煮至沸騰，加入馬鈴薯並蓋上鍋蓋，轉為小火燉煮約10分鐘
3. 打開鍋蓋後將馬鈴薯稍微壓碎，加入咖哩塊攪拌至溶解即完成。

017　萵苣牛肉咖哩

享受酸豆黑橄欖醬的豐富香氣和萵苣的爽脆口感

材料（2人份）

油⋯1大匙
蒜頭（切碎末）⋯1瓣
牛肉片⋯150g
水⋯250ml
萵苣（撕成方便食用的大小）⋯10片（70g）
酸豆黑橄欖醬⋯2小匙
咖哩塊⋯1.5人份

作法

1. 在鍋中放入油以中火加熱，加入蒜末、牛肉後拌炒至呈現微微焦色為止。
2. 倒入水後以大火煮至沸騰，轉為小火後放入萵苣和酸豆黑橄欖醬，蓋上鍋蓋稍微燉煮一下。
3. 加入咖哩塊攪拌至溶解即完成。

咖哩塊咖哩

018 — 撲鼻而來的蒜頭香氣是美味的關鍵
蒜香牛肉咖哩

材料（2人份）

油…1大匙
蒜頭（切薄片）…2瓣
牛肉（烤肉用厚片五花肉）…150g
長蔥（斜切片狀）…1根
水…200ml
中濃醬…1小匙
咖哩塊…1.5人份

作法

1　在鍋中放入油以中火加熱，加入蒜片拌炒至呈現焦色為止。
2　加入牛肉和長蔥大略拌炒過。
3　倒入水後以大火煮至沸騰，轉為小火加入中濃醬再稍微燉煮一下。
4　加入咖哩塊攪拌至溶解即完成。

019 — 如俄羅斯酸奶油牛肉般濃郁豐厚的滋味
奶醬牛肉咖哩

材料（2人份）

油…1大匙
牛肉（烤肉用肉片）…150g
舞菇（分成小株）…1包
水…200ml
柑橘醬…2小匙
咖哩塊…2人份
鮮奶油…100ml

作法

1　在鍋中放入油以中火加熱，加入牛肉拌炒至顏色改變為止。
2　加入舞菇和水後轉大火煮至沸騰，加入柑橘醬後蓋上鍋蓋，以小火燉煮約5分鐘。
3　加入咖哩塊攪拌至溶解，倒入鮮奶油後再熬煮約1分鐘即可。

020 —— 牛肉 × 薑是不敗的經典組合

牛肉薑絲咖哩

咖哩塊咖哩

材料（2人份）

油…1大匙
長蔥（切圓片）…2根
牛肉（烤肉用五花肉）…200g
水…200ml
薑（切細絲）…4片
咖哩塊…2人份

作法

1. 在鍋中放入油以中火加熱，加入長蔥拌炒至呈現金黃焦糖色為止。
2. 加入牛肉大略拌炒後倒入水，以大火煮至沸騰，加入薑絲後再以小火燉煮約3分鐘。
3. 加入咖哩塊攪拌至溶解即可。

製作祕訣

長蔥也要充分炒至變成金黃焦糖色！

長蔥要和洋蔥一樣充分拌炒至變成金黃焦糖色為止。如果覺得可能會燒焦，可以一邊加入少許水分（分量外）一邊慢慢拌炒。以拌炒至呈現如下方照片般的狀態為基準。最後確實將水分炒乾是讓咖哩變美味的訣竅。

021 ──── 能充分享受牛肉和菇類口感的一道
蕈菇牛肉咖哩

材料（2人份）

油…2大匙
洋蔥（切粗末）…1/2個
荷蘭芹（切碎末）…2枝
牛肉（塊狀五花肉，切成1cm塊狀）…150g
香菇（切成1cm塊狀）…8朵
水…200ml
咖哩塊…2人份
七味辣椒粉…1小匙

作法

1. 在鍋中放入油以中火加熱，加入洋蔥、荷蘭芹、牛肉與香菇大略拌炒。
2. 倒入水後以大火煮至沸騰，轉為小火加入咖哩塊攪拌溶解後加入七味辣椒粉，以大火加熱至稍微沸騰冒泡再熬煮約1分鐘。

022 ──── 以辣油做出麻辣感！用咖哩重現正統中式料理風味
中華風牛肉咖哩

材料（2人份）

油…1大匙
牛肉片…200g
洋蔥（切厚片）…1/2個
韭菜（切成10cm段）…5根
水…200ml
調味用雞高湯顆粒…1小匙
咖哩塊…1.5人份
辣油…1小匙

作法

1. 在鍋中放入油以中火加熱，加入牛肉、洋蔥與韭菜拌炒。
2. 倒入水後以大火煮至沸騰，加入調味用雞高湯顆粒後轉為小火稍微熬煮一下。
3. 加入咖哩塊攪拌溶解後，倒入辣油混合攪拌。

023　大塊燉煮豬肉咖哩

品嘗大塊且鬆軟的肉塊，一次滿足心靈和胃袋！

材料（2人份）

豬肉（塊狀五花肉，切成約8cm×5cm塊狀）
…300g
●醃料
　紹興酒…3大匙
　味醂…2大匙
　醬油…1大匙
　蒜頭（磨泥）…1/2小匙
　洋蔥（磨泥）…1/4個
油…1大匙
薑（切碎末）…1/2片
洋蔥（切碎末）…1/3個
水…800ml
咖哩塊…2人份

事前準備

醃漬豬肉。
用叉子在豬肉的肥肉部分戳幾個洞。將豬肉和醃料一起放入保鮮袋中充分搓揉，放進冰箱冷藏醃漬一個晚上。

作法

1. 在鍋中放入油以中火加熱，將醃漬好的豬肉取出，把帶有肥肉的那一面朝下放入鍋中。醃料先放置一旁備用。待肥肉和豬肉整體表面都煎至上色後，一邊將豬肉翻動一邊以中火煎過。
2. 加入薑末和洋蔥末大略拌炒後，加入豬肉的醃料煮至沸騰、將酒精蒸散。倒入水後以大火再煮至沸騰，轉為文火後燉煮約2小時至豬肉變得柔軟為止。
3. 關火後稍微放涼，加入咖哩塊攪拌至完全溶解。
4. 再以文火燉煮約5分鐘至整體變得黏稠濃郁為止。

024 — 咖哩之中蘊含著高麗菜鮮甜滋味的一道
高麗菜豬肉捲椰汁咖哩

材料（2人份）

高麗菜（將菜梗部分切碎末）
…2片份
豬肉（里肌薄片）…6〜7片
油…2大匙
洋蔥（切薄片）…1/2個

蒜頭（磨泥）…1瓣
薑（磨泥）…1/2片
椰奶…100ml
咖哩塊…2人份

事前準備

製作高麗菜豬肉捲。

1. 在鍋中放入500ml熱水（分量外）煮至沸騰，加入高麗菜葉煮至變得柔軟為止，撈起瀝乾水分。煮汁先放置一旁備用。
2. 將豬肉片稍微重疊地平鋪在砧板上，將擦乾水分的高麗菜擺在豬肉片上，像做壽司捲一般捲起。
3. 在平底鍋中加入油後以中火加熱，將**2**放入一邊滾動一邊煎至呈現些許焦色，取出完全放涼後切成方便食用的大小。

作法

1. 在事前準備時用的平底鍋中放入洋蔥和切碎的高麗菜梗，以中火拌炒。炒至呈現焦色後加入蒜泥和薑泥，再拌炒至生澀氣味消失為止。
2. 將事前準備中做好的高麗菜豬肉捲和200ml高麗菜煮汁放入鍋中，開大火煮至沸騰。
3. 倒入椰奶後接著以小火熬煮約5分鐘。
4. 關火後稍微放涼，加入咖哩塊攪拌至溶解，以小火燉煮至變得黏稠濃郁為止。

025 — 同時享用蘆筍豬肉捲和咖哩
蘆筍豬五花捲牛奶咖哩

材料（2人份）

豬肉（五花肉薄片）…8片
胡椒鹽…少許
蘆筍（切成7〜8cm段）…4根份
油…2大匙
洋蔥（切成寬2mm薄片）…1/2小個
蒜頭（磨泥）…1/2瓣

番茄醬…1大匙
水…100ml
牛奶…200ml
咖哩塊…2人份

作法

1. 將豬肉片攤開來撒上胡椒鹽，放上蘆筍從豬肉片寬度較窄一側捲起。
2. 在鍋中放入油以中火加熱，放入**1**充分煎至整體上色後暫時先取出。
3. 在同個鍋中放入洋蔥和蒜泥，以中小火拌炒至蒜頭的生澀氣味消失為止，加入番茄醬後繼續拌炒約1分鐘。
4. 將**2**放回鍋中，倒入水煮至沸騰後再倒入牛奶，以小火燉煮約5分鐘。
5. 關火後稍微放涼，加入咖哩塊攪拌至完全溶解。再開小火稍微熬煮至變得濃稠為止。

026 ── 鳳梨的酸味和甜味是風味的關鍵
鳳梨豬肉咖哩

材料（2人份）

油⋯1大匙
洋蔥（切成寬2mm薄片）⋯1/2個
豬肉（肩里肌肉，切成較大的一口大小）⋯150g
水⋯250ml
鳳梨（將圓片切成4等分）⋯3片
咖哩塊⋯2人份

作法

1. 在鍋中放入油以中火加熱，加入洋蔥拌炒至上色。加入豬肉，繼續拌炒至豬肉表面上色。
2. 倒入水後以大火煮至沸騰，加入鳳梨之後再以小火熬煮約5分鐘。
3. 關火後稍微放涼，加入咖哩塊攪拌至完全溶解。再開文火稍微熬煮至變得濃稠為止。

027 ── 留下番茄口感的里肌肉咖哩
番茄豬肉咖哩

材料（2人份）

油⋯1大匙
洋蔥（切成寬2mm薄片）⋯1/2個
豬肉（里肌肉薄片）⋯200g
水⋯100ml
番茄汁⋯200ml
咖哩塊⋯2人份
番茄（切成2cm塊狀）⋯1個

作法

1. 在鍋中放入油以中火加熱，加入洋蔥拌炒至上色。加入豬肉，繼續拌炒至豬肉表面上色。
2. 倒入水和番茄汁後以大火煮至沸騰。
3. 關火後稍微放涼，加入咖哩塊攪拌至完全溶解。
4. 加入番茄，再開文火稍微熬煮至變得濃稠為止。

028 — 果然還是這個最好吃！不敗經典款咖哩
紅蘿蔔馬鈴薯豬肉咖哩

材料（2人份）

油⋯1大匙
洋蔥（切月牙狀）⋯1/2個
紅蘿蔔（滾刀切成小塊）⋯1/3根
馬鈴薯（滾刀切成大塊）⋯1個
豬肉（肩里肌肉塊，切成一口大小）⋯150g
水⋯350ml
咖哩塊⋯2人份

作法

1. 在鍋中放入油以中火加熱，加入洋蔥拌炒至上色。加入馬鈴薯、紅蘿蔔與豬肉，繼續拌炒至豬肉表面上色。
2. 倒入水後以大火煮至沸騰。轉小火燉煮約6分鐘至紅蘿蔔與馬鈴薯變軟為止。
3. 關火後稍微放涼，加入咖哩塊攪拌至完全溶解。
4. 再開文火稍微熬煮至變得濃稠為止。

029 — 品嘗長蔥的鮮甜和豬五花的濃郁滋味
長蔥豬五花薑絲咖哩

材料（2人份）

油⋯1大匙
豬肉（厚切五花肉）⋯150g
薑（切成3cm長的細絲）⋯3片
長蔥（斜切成寬1cm段）⋯1根
水⋯250ml
咖哩塊⋯2人份

作法

1. 在鍋中放入油以中火加熱，加入豬肉拌炒至上色。加入薑絲與長蔥，繼續拌炒至長蔥變得柔軟為止。
2. 倒入水後以大火煮至沸騰。轉小火熬煮約1分鐘。
3. 關火後稍微放涼，加入咖哩塊攪拌至完全溶解。
4. 再開文火稍微熬煮至變得濃稠為止。

030 — 清新爽口！重點是加入橘醋醬油增添酸味
白菜豬肉橘醋咖哩

材料（2人份）

油…1大匙
洋蔥（切月牙狀）…1/2個
豬肉（邊角碎肉）…100g
白菜（切大塊）…100g
水…250ml
橘醋醬油…40ml
咖哩塊…2人份

作法

1. 在鍋中放入油以中火加熱，加入洋蔥拌炒至上色。再加入豬肉拌炒至表面上色後加入白菜大略拌炒。
2. 倒入水後以大火煮至沸騰。以小火熬煮約3分鐘。
3. 關火後加入橘醋醬油，稍微放涼後再加入咖哩塊攪拌至完全溶解。
4. 再開文火稍微熬煮至變得濃稠為止。

咖哩塊咖哩

031 — 吃一口就能品嚐到扇貝滿滿的鮮甜滋味
豬小里肌扇貝咖哩

材料（2人份）

油…1大匙
洋蔥（切碎末）…1/2個
豬肉（小里肌肉，切成較小的一口大小）…100g
小顆扇貝…160g
水…250ml
咖哩塊…2人份

作法

1. 在鍋中放入油以中火加熱，加入洋蔥拌炒至上色。再加入豬肉拌炒至表面上色後加入扇貝大略拌炒。
2. 倒入水後以大火煮至沸騰。以小火熬煮約3分鐘。
3. 關火後稍微放涼，加入咖哩塊攪拌至完全溶解。
4. 再開文火稍微熬煮至變得濃稠為止。

032　培根萵苣番茄咖哩

培根的香氣和萵苣的清脆口感讓人愛不釋口

材料（2人份）

油⋯1大匙
洋蔥（切粗末）⋯1/2個
塊狀培根（切成邊長1cm棒狀）⋯80g
番茄（切成8等分的月牙形）⋯1個
水⋯250ml
萵苣（切大片）⋯2片
咖哩塊⋯2人份

作法

1. 在鍋中放入油以中火加熱，加入洋蔥拌炒至上色。再加入培根拌炒至表面呈現焦色後加入番茄大略拌炒。
2. 倒入水後以大火煮至沸騰。加入萵苣轉小火稍微燉煮。
3. 關火後稍微放涼，加入咖哩塊攪拌至完全溶解。
4. 再開文火稍微熬煮至變得濃稠為止。

1 在拌炒洋蔥和培根時，要炒至覺得「這樣會不會太焦？」並且食材確實呈現焦色，這樣才能發揮食材本身的香氣。

033 — 充分享受香腸腸衣的爽脆口感
燉菜風咖哩

材料（2人份）

洋蔥（切月牙狀）…1/4個
紅蘿蔔（切滾刀塊）…1/2根
高麗菜（切大片）…100g
西洋芹（切滾刀塊）…1/4根
水…400ml
月桂葉…1片
粗磨胡椒粒…少許
鹽…少許
雞高湯顆粒…2小匙
維也納香腸（淺淺劃入幾道切口）…6根
咖哩塊…1人份

作法

1. 將維也納香腸和咖哩塊之外的材料都放進鍋中，以大火煮至沸騰後轉為小火燉煮約10分鐘，加入香腸後再燉煮約5分鐘。
2. 關火後稍微放涼，加入咖哩塊攪拌至完全溶解。
3. 再次用文火熬煮約1分鐘。

034 — 大家都喜歡！放在中央的多汁漢堡排非常美味
燉煮漢堡排咖哩

材料（2人份）

奶油…10g
洋蔥（切碎末）…1/4個份
牛豬混合絞肉…240g
胡椒鹽…少許
麵包粉…4大匙
雞蛋…1個
牛奶…2大匙
肉豆蔻粉…少許
油…1小匙
紅酒…1大匙
水…400ml
雞高湯顆粒…1小匙
咖哩塊…2人份

事前準備

製作漢堡排。

1. 在鍋中放入奶油，以小火加熱至融化，轉為中火後放入洋蔥拌炒至上色，將洋蔥取出冷卻。
2. 調理盆中放入絞肉和胡椒鹽攪拌至產生黏性。
3. 將1的洋蔥、麵包粉、雞蛋、牛奶和肉豆蔻粉加入調理盆中，充分攪拌揉捏。混合好後分成2等分，在手上塗抹少許油（分量外）後將肉團整成紮實的圓形。

作法

1. 在鍋中放入油加熱，放入漢堡排以中小火將兩面煎至上色為止。
2. 倒入紅酒讓酒精蒸散後倒入水轉大火煮沸。加入雞高湯顆粒後以小火燉煮約15分鐘。
3. 關火後稍微放涼，加入咖哩塊攪拌至完全溶解。
4. 再次用文火煮約10分鐘。

035 ── 讓人想大快朵頤羊小排的一道咖哩
蔬菜汁燉羊小排咖哩

材料（2人份）

帶骨羊小排⋯4根
胡椒鹽⋯少許
油⋯1大匙
洋蔥（切成寬5mm薄片）
⋯100g
蒜頭（磨泥）⋯1瓣
薑（磨泥）⋯1/2片
水⋯250ml
蔬菜汁⋯200ml
咖哩塊⋯2人份

作法

1 在帶骨羊小排上撒上胡椒鹽。
2 在鍋中放入油以中火加熱，將羊小排脂肪朝下放入鍋中，確實煎到上色為止（用夾子等夾住，直立起來會比較好煎）。
3 接著將肉的兩面都煎至上色，加入洋蔥、蒜泥和薑泥，用中小火拌炒至洋蔥變得柔軟透明為止。
4 倒入水和蔬菜汁後以大火加熱至沸騰，再轉為小火燉煮約30分鐘。
5 關火後稍微放涼，加入咖哩塊攪拌至完全溶解。
6 再次用文火熬煮至變得濃稠為止。

036 ── 用紅酒醃漬過的羊肉非常柔軟
紅酒漬羊肉咖哩

材料（2人份）

羊肉⋯300g（也可以用成吉思汗烤肉用的肉片）
●醃料
　紅酒⋯80ml
　洋蔥（磨泥）⋯1/4個
　醬油⋯2小匙
　蒜頭（磨泥）⋯3/4瓣
　薑（磨泥）⋯1/2片
　番茄醬⋯1小匙
油⋯2大匙
水⋯300ml
咖哩塊⋯2人份

作法

1 在調理盆中放入羊肉以及醃料，充分混合攪拌後醃漬1小時以上。
2 在鍋中放入油以中火加熱，將1連同醃料一起放入鍋中，煮沸一次讓醃料中的酒精蒸散。
3 倒水後以中火煮至沸騰，再轉為小火燉煮約10分鐘。
4 關火後稍微放涼，加入咖哩塊攪拌至完全溶解。
5 再次用文火熬煮至變得濃稠為止。

037 — 將常見的配料「水煮蛋」變成主角！
煎水煮蛋咖哩

材料（2人份）

奶油…10g
水煮蛋（去殼）…2個
油…1大匙
蒜頭（切碎末）…1瓣
薑（切碎末）…1/2片
洋蔥（切成寬5mm薄片）…1個
優格…2大匙
水…250ml
咖哩塊…2人份

作法

1. 在鍋中放入奶油，以小火融化後放入水煮蛋。一邊滾動水煮蛋一邊以中火將整體表面煎到上色，再取出備用。
2. 在空的鍋子裡放入油、蒜末與薑末大略拌炒一下，放入洋蔥並以中火拌炒至整體上色為止。加入優格並拌炒至收乾水分。
3. 將水煮蛋放回鍋中，倒入水後以大火煮至沸騰，再轉為小火燉煮約2分鐘。
4. 關火後稍微放涼，加入咖哩塊攪拌至完全溶解。
5. 再次用文火熬煮至變得濃稠為止。

038 — 越嚼就越能感受到豆類香氣在嘴裡擴散開來
綜合豆類咖哩

材料（2人份）

油…1大匙
洋蔥（切成1cm塊狀）…1/2個
蒜頭（磨泥）…1瓣
番茄糊…1小匙
綜合豆類（罐頭）…200g
水…250ml
咖哩塊…2人份

作法

1. 在鍋中放入油以中火加熱，加入洋蔥後拌炒至上色。
2. 加入蒜泥後倒入約50ml的水（分量外），拌炒至水分收乾為止。加入番茄糊後繼續拌炒。
3. 加入綜合豆類和水後以大火煮至沸騰，再轉為小火燉煮約5分鐘。
4. 關火後稍微放涼，加入咖哩塊攪拌至完全溶解。
5. 再次用文火熬煮至變得濃稠為止。

039 — 能享受絞肉和毛豆口感的咖哩
雞絞肉椰奶咖哩

材料（2人份）

油…1大匙
洋蔥（切碎末）…1/2個
雞絞肉…150g
去殼毛豆…100g
水…150ml
椰奶…200ml
咖哩塊…2人份

作法

1. 在鍋中放入油以中火加熱，加入洋蔥拌炒至變透明為止。加入雞絞肉拌炒至表面上色後，再加入毛豆大略拌炒。
2. 倒入水後以大火煮至沸騰，接著倒入椰奶並以小火燉煮約6分鐘。
3. 關火後稍微放涼，加入咖哩塊攪拌至完全溶解。
4. 再次用文火熬煮至變得濃稠為止。

040 — 油豆皮吸收滿滿雞絞肉的鮮味
雞絞肉油豆皮咖哩

材料（2人份）

油…1大匙
長蔥（蔥白部分，切成寬1cm圓片）…1/2根
雞絞肉…200g
油豆皮（切成2cm塊狀）…2片
水…250ml
咖哩塊…2人份

作法

1. 在鍋中放入油以中火加熱，加入長蔥拌炒至上色為止。加入雞絞肉拌炒至表面上色後，再加入油豆皮大略拌炒。
2. 倒入水後以大火煮至沸騰，轉為小火燉煮約3分鐘。
3. 關火後稍微放涼，加入咖哩塊攪拌至完全溶解。
4. 再次用文火熬煮至變得濃稠為止。

041　滿滿膳食纖維！日式調味和牛蒡非常契合
雞絞肉牛蒡咖哩

材料（2人份）

油…1大匙
洋蔥（切碎末）…1/2個
薑（切碎末）…1/2片
雞絞肉…120g
牛蒡（削成細長片狀）…1/3～1/2根
熱水…250ml
鰹魚高湯粉…1小匙
咖哩塊…2人份

作法

1. 在鍋中放入油以中火加熱，加入洋蔥拌炒至上色。加入薑末和雞絞肉拌炒至表面上色後，再加入牛蒡並大略拌炒過。
2. 加入熱水和鰹魚高湯粉後一邊攪拌一邊以大火煮至沸騰，轉為小火燉煮約5分鐘。
3. 關火後稍微放涼，加入咖哩塊攪拌至完全溶解。
4. 再次用文火熬煮至變得濃稠為止。

042　豆苗和鬆軟的雞蛋做出溫和滋味
絞肉豆苗炒蛋咖哩

材料（2人份）

油…1大匙
洋蔥（切碎末）…1/2個
牛豬混合絞肉…130g
熱水…250ml
鰹魚高湯粉…1小匙
豆苗（切大段）…1/4～1/3包
蛋液…2個份
咖哩塊…2人份

作法

1. 在鍋中放入油以中火加熱，加入洋蔥拌炒至變得透明為止。加入絞肉後充分拌炒至熟透為止。
2. 加入熱水和鰹魚高湯粉後一邊攪拌一邊以大火煮至沸騰，轉為小火燉煮約5分鐘。加入豆苗和蛋液，慢慢畫圈攪拌至蛋液凝固為止。
3. 關火後稍微放涼，加入咖哩塊攪拌至完全溶解。
4. 再次用小火熬煮至冒出細小泡泡即可。

043 — 特色是充分炒過的蔬菜溫和滋味與濃稠口感
紅蘿蔔西洋芹絞肉咖哩

材料（2人份）

油⋯1大匙
蒜頭（切碎末）⋯1瓣
洋蔥（切碎末）⋯1/2個
紅蘿蔔（切碎末）⋯1/3根
西洋芹（莖部，切碎末）⋯1/3根
牛豬混合絞肉⋯150g
紅酒⋯2大匙
番茄醬⋯2大匙
水⋯250ml
咖哩塊⋯2人份

作法

1　在鍋中放入油以小火加熱，加入蒜末、洋蔥、紅蘿蔔與西洋芹拌炒約10分鐘。加入絞肉後以中火拌炒至熟透為止。
2　倒入紅酒後以大火煮至沸騰。加入番茄醬拌炒至收乾水分為止。
3　倒入水後以大火煮至沸騰，轉為小火燉煮約3分鐘。
4　關火後稍微放涼，加入咖哩塊攪拌至完全溶解。
5　再次用文火熬煮至變得濃稠為止。

044 — 能品嘗到牛肉的濃郁與綜合豆類的口感
綜合豆類牛絞肉咖哩

材料（2人份）

油⋯1大匙
洋蔥（切碎末）⋯1/2個
蒜頭（磨泥）⋯1瓣
牛絞肉⋯120g
綜合豆類⋯150g
水⋯150ml
椰奶⋯100ml
咖哩塊⋯2人份

作法

1　在鍋中放入油以中火加熱，加入洋蔥拌炒至上色。加入蒜泥和絞肉後拌炒至熟透，再加入綜合豆類並大略拌炒。
2　倒入水和椰奶後煮至沸騰，轉為小火燉煮約5分鐘。
3　關火後稍微放涼，加入咖哩塊攪拌至完全溶解。
4　再用文火熬煮至變得濃稠為止。

045 — 拍碎的小黃瓜口感讓人上癮！
牛絞肉麻油小黃瓜咖哩

材料（2人份）

油…1大匙
洋蔥（切碎末）…1/2個
蒜頭（磨泥）…1瓣
牛絞肉…140g
小黃瓜（拍碎後分成一口大小）…1根
熱水…250ml
鰹魚高湯粉…1小匙
咖哩塊…2人份
芝麻油…1小匙
焙煎白芝麻…1小匙

作法

1 在鍋中放入油以中火加熱，加入洋蔥拌炒至上色。加入蒜泥和牛絞肉充分拌炒至熟透後，再加入小黃瓜大略拌炒。
2 加入熱水和鰹魚高湯粉後一邊攪拌一邊以大火煮至沸騰，轉為小火燉煮約5分鐘。
3 關火後稍微放涼，加入咖哩塊攪拌至完全溶解。
4 再次用文火熬煮至變得濃稠，最後完成時淋上芝麻油並撒上白芝麻再混合攪拌一下即可。

046 — 醇厚的酪梨搭配清爽的番茄
酪梨牛絞肉番茄咖哩

材料（2人份）

油…1大匙
洋蔥（切碎末）…1/3個
牛絞肉…150g
水…250ml
番茄（切成2cm塊狀）…1個
酪梨（切成2cm塊狀）…1個
咖哩塊…2人份

作法

1 在鍋中放入油以中火加熱，加入洋蔥拌炒至上色，加入牛絞肉充分拌炒至熟透。
2 倒入水後以大火煮至沸騰，轉為小火燉煮約2分鐘。加入番茄和酪梨後再煮約2分鐘。
3 關火後稍微放涼，加入咖哩塊攪拌至完全溶解。
4 再次用文火熬煮至變得濃稠為止。

047 — 能充分攝取蛋白質！也很推薦給減重中的人
豬絞肉豆腐咖哩

材料（2人份）

油…1大匙
薑（切碎末）…1/2片
長蔥（切成5mm圓片）…1/2根
豬絞肉…160g
板豆腐（瀝乾水分，切成3cm塊狀）…1塊
水…250ml
咖哩塊…2人份

作法

1. 在鍋中放入油以中火加熱，加入薑末和長蔥拌炒直到上色。加入豬絞肉充分拌炒後加入豆腐，拌炒至完全收乾水分為止。
2. 倒入水後以大火煮至沸騰，轉為小火燉煮約3分鐘。
3. 關火後稍微放涼，加入咖哩塊攪拌至完全溶解。
4. 再次用文火熬煮至變得濃稠為止。

048 — 充分享受菇類的香氣和鮮味！
豬絞肉與4種菇類咖哩

材料（2人份）

油…1大匙
洋蔥（切碎末）…1/2個
薑（切碎末）…1/2片
豬絞肉…150g
●菇類（切粗末）
　舞菇…30g
　鴻禧菇…40g
　杏鮑菇…30g
　金針菇…50g
熱水…250ml
鰹魚高湯粉…1小匙
咖哩塊…2人份

作法

1. 在鍋中放入油以中火加熱，加入洋蔥拌炒至上色。加入薑末和絞肉拌炒至表面上色，再加入菇類並充分拌炒。
2. 加入熱水和鰹魚高湯粉後一邊攪拌一邊以大火煮至沸騰，轉為小火燉煮約5分鐘。
3. 關火後稍微放涼，加入咖哩塊攪拌至完全溶解。
4. 再次用文火熬煮至變得濃稠為止。

049 ── 用常備蔬菜就能快速製作！也很適合當清冰箱料理
常備蔬菜椰奶咖哩

材料（2人份）

油…1大匙
薑（切碎末）…1/2片
洋蔥（切月牙狀）…1個
紅蘿蔔（切滾刀塊）…1/2根
馬鈴薯（切滾刀塊）…1個
水…200ml
椰奶…150ml
咖哩塊…2人份

作法

1. 在鍋中放入油以中火加熱，加入薑末和洋蔥拌炒至上色。
2. 加入紅蘿蔔和馬鈴薯大略拌炒過，倒入水以大火煮至沸騰再倒入椰奶，接著轉小火燉煮至蔬菜變軟為止。
3. 關火後稍微放涼，加入咖哩塊攪拌至完全溶解。
4. 再次用文火熬煮至變得濃稠為止。

050 ── 主角是充分煎過、引出鮮甜滋味的高麗菜！
整塊高麗菜咖哩

材料（2人份）

油…2小匙
洋蔥（切成寬5mm薄片）…1/3個
奶油…10g
高麗菜（保留菜心，切月牙狀）…300g
紅酒…2大匙
水…300ml
雞高湯顆粒…1小匙
咖哩塊…2人份

作法

1. 在鍋中放入油以中火加熱，加入洋蔥大略拌炒後再加入奶油煮至融化。
2. 把洋蔥集中到鍋子的一側後在空位放入高麗菜，從上方輕輕壓高麗菜，用中小火將兩面煎到上色為止。
3. 倒入紅酒讓酒精蒸散後再加入水和雞高湯顆粒，以大火煮至沸騰。再轉小火燉煮約5分鐘。
4. 關火後稍微放涼，加入咖哩塊攪拌至完全溶解。
5. 再次用文火熬煮至變得濃稠為止。

051 ── 讓白蘿蔔充分吸收咖哩滋味
厚切白蘿蔔番茄咖哩

材料（2人份）

油…2大匙
洋蔥（切碎末）…1/2個
蒜頭（磨泥）…1瓣
番茄糊…1小匙
白蘿蔔（切成寬2cm再切成4等分）…150g
水…400ml
雞高湯顆粒…1小匙
胡椒…少許
番茄（切月牙狀）…1個
咖哩塊…2人份

作法

1. 在鍋中放入油以中火加熱，加入洋蔥拌炒至上色後加入蒜泥和番茄糊，拌炒至完全收乾水分為止。
2. 加入白蘿蔔大略拌炒過後加入水、雞高湯顆粒與胡椒，以大火煮至沸騰。轉小火燉煮至白蘿蔔變軟後再加入番茄。
3. 關火後稍微放涼，加入咖哩塊攪拌至完全溶解。
4. 再次用文火熬煮至變得濃稠為止。

052 ── 使用整罐玉米罐頭！營養滿滿的一道
南瓜玉米咖哩

材料（2人份）

油…1大匙
洋蔥（切成寬5mm薄片）…1/2個
南瓜（切成厚5mm×長5cm塊狀）…150g
玉米罐頭…190g（整罐連汁使用）
水…250ml
咖哩塊…2人份

作法

1. 在鍋中放入油以中火加熱，加入洋蔥拌炒至上色。
2. 加入南瓜大略拌炒後再加入玉米粒和水，以大火煮至沸騰。轉小火燉煮至南瓜變軟為止。
3. 關火後稍微放涼，加入咖哩塊攪拌至完全溶解。
4. 再次用文火熬煮至變得濃稠為止。

053 — 絕佳的咀嚼口感讓人上癮
青花菜與花椰菜咖哩

材料（2人份）

橄欖油⋯2大匙
蒜頭（切碎末）⋯1瓣
薑（切碎末）⋯1/2片
洋蔥（切成1cm粗末）⋯1/2個
優格⋯3大匙
青花菜（分成小株）⋯1/2棵
花椰菜（分成小株）⋯1/2棵
水⋯150ml
豆漿（調製豆乳，常溫）⋯200ml
咖哩塊⋯2人份

作法

1. 在鍋中放入橄欖油以中火加熱，加入蒜末、薑末與洋蔥並以小火拌炒約10分鐘。加入優格後拌炒至收乾水分為止。
2. 加入青花菜和花椰菜大略拌炒後倒入水，以大火煮至沸騰再轉小火燉煮約3分鐘。
3. 關火後加入豆漿和咖哩塊，確實攪拌至咖哩塊完全溶解。
4. 再次用文火熬煮至變得濃稠為止。

054 — 有種熟悉的懷念感！滋味溫和的高湯和根莖蔬菜咖哩
日式燉煮風咖哩

材料（2人份）

油⋯1小匙
紅蘿蔔（切滾刀塊）⋯1/2～1根
蓮藕（切成寬1cm再切成4等分）⋯1節
小芋頭（切成一口大小）⋯1/2大個
香菇（斜切對半）⋯約2朵
●湯汁
　水⋯350ml
　鰹魚高湯粉⋯1小匙
　醬油⋯1大匙
　味醂⋯1大匙
咖哩塊⋯2人份

作法

1. 在鍋中放入油以中火加熱，加入紅蘿蔔和蓮藕拌炒至炒出水分為止。
2. 放入小芋頭和香菇大略拌炒。倒入湯汁用的材料並蓋上鍋蓋，以中小火燉煮8～10分鐘至蔬菜煮熟為止。
3. 關火後稍微放涼，加入咖哩塊攪拌至完全溶解。
4. 再次用文火熬煮至變得濃稠為止。

055 —— 帶有日式浸煮料理風味的清爽配菜咖哩
青江菜油豆皮長蔥咖哩

材料（2人份）

油⋯2大匙
薑（切碎末）⋯1/2片
長蔥（斜切成寬1cm片狀）⋯1/2～1根
青江菜（切滾刀塊）⋯1株
油豆皮（切成寬2cm長方形片狀）⋯1片
醬油⋯1小匙
熱水⋯250ml
鰹魚高湯粉⋯1小匙
咖哩塊⋯2人份
七味辣椒粉⋯適量（依照喜好添加）

作法

1. 在鍋中放入油以中火加熱，加入薑末大略拌炒。加入長蔥拌炒至上色為止。再加入青江菜和油豆皮、醬油並繼續混合拌炒。
2. 加入熱水和鰹魚高湯粉混合攪拌，轉大火加熱至沸騰後再轉小火燉煮約2分鐘。
3. 關火後稍微放涼，加入咖哩塊攪拌至完全溶解。
4. 再次用文火熬煮至變得濃稠為止。盛盤後依照喜好撒上七味辣椒粉。

056 —— 也很適合當宵夜下酒菜！吸滿湯汁的油豆腐很美味
油豆腐鰹魚高湯咖哩

材料（2人份）

油豆腐（切成3cm塊狀）⋯1～2個
油⋯2大匙
洋蔥（切成寬5mm薄片）⋯1/4個
薑（磨泥）⋯1片
水⋯60ml
熱水⋯250ml
鰹魚高湯粉⋯1小匙
咖哩塊⋯2人份
長蔥（蔥綠部分，切碎末）⋯適量（依喜好加入）
柴魚片⋯適量（依喜好加入）
焙煎白芝麻⋯適量（依喜好加入）

作法

1. 在鍋中放入油豆腐，用中火煎至表面上色後暫時取出備用。
2. 在空的鍋中放入油以中火加熱，加入洋蔥拌炒至上色，接著倒入醬油和水，拌炒至完全收乾水分為止。
3. 將熱水和鰹魚高湯粉加入鍋中混合攪拌，以大火煮至沸騰後將油豆腐放回，轉小火燉煮約5分鐘。
4. 關火後稍微放涼，加入咖哩塊攪拌至完全溶解。
5. 再次開文火，加入長蔥熬煮至變得濃稠為止。盛盤後依照喜好撒上柴魚片和焙煎白芝麻。

057 — 色彩鮮豔的夏季蔬菜讓人食慾大增！
法式燉菜風咖哩

材料（2人份）

橄欖油…2大匙
蒜頭（切碎末）…1瓣
洋蔥（切成1cm塊狀）…1/2個
西洋芹（切成1cm塊狀）…20g
櫛瓜（切成寬2cm再切成4等分）…1/4～1/3根
茄子（切成寬2cm再切成4等分）…1/4～1/2根
甜椒（切成2cm塊狀）…1/3～1/2個
整顆番茄罐頭（壓碎）…1/4罐
白酒…1大匙
熱水…200ml
秋葵（切成2cm小塊）…2根
咖哩塊…2人份

作法

1. 在鍋中放入橄欖油以中火加油，加入蒜末、洋蔥與西洋芹後以小火拌炒約10分鐘。再加入櫛瓜、茄子和甜椒，以中火拌炒至變軟為止。
2. 加入番茄罐頭、白酒與熱水並充分攪拌均勻，以大火煮至沸騰後加入秋葵，轉為小火燉煮約5分鐘。
3. 關火後稍微放涼，加入咖哩塊攪拌至完全溶解。
4. 再次用文火熬煮至變得濃稠為止。

---

058 — 多汁柔軟的口感，吃過一次就上癮
煮茄子薑汁醬油咖哩

材料（2人份）

油…2大匙、1小匙
茄子（在表面淺淺劃入切口後縱切成4等分）…2～3根份
● 薑汁醬油高湯
　薑（磨泥）…2片
　熱水…100ml
　鰹魚高湯粉…1小匙
　醬油…1大匙
味醂…1大匙
洋蔥（切成寬5mm薄片）…1/3個
水…250ml
咖哩塊…2人份
細蔥（切蔥花）…適量（依喜好加入）

作法

1. 在鍋中放入2大匙油以中火加熱，將茄子的皮面朝下放入鍋中煎至整體上色。加入薑汁醬油高湯的所有材料後煮至沸騰，轉為小火再燉煮約2分鐘，連同湯汁一起取出備用。
2. 在空的鍋中放入1小匙油以中火加熱，加入洋蔥拌炒至上色。倒入水後以大火煮至沸騰，再轉小火煮約2分鐘。
3. 關火後稍微放涼，加入咖哩塊攪拌至完全溶解。
4. 再次用文火熬煮至變得濃稠。將**1**連同湯汁一起倒回鍋中，稍微攪拌一下。盛盤後撒上蔥花。

059 ——— 新產洋蔥的甜味讓人感受到春天來臨
新產洋蔥培根春蔬咖哩

材料（2人份）

新產洋蔥（切月牙狀）…2個
蒜頭（磨泥）…1瓣
薑（磨泥）…1片
培根（切成寬1cm）…50g
番茄醬…1小匙
水…500ml
咖哩塊…1.5人份

作法

1. 將咖哩塊之外的所有食材放入鍋中，以中火煮至沸騰，蓋上鍋蓋後轉小火燉煮約20分鐘。
2. 打開鍋蓋後加入咖哩塊並攪拌至溶解，再小滾煮一下。

060 ——— 能品嘗到青豌豆風味。也很適合當作下酒菜！
青豌豆春蔬咖哩

材料（2人份）

油…1大匙
洋蔥（切粗末）…1/2個
青豌豆（水煮）…固體250g
去殼蝦仁…80g
水…200ml
咖哩塊…2人份

作法

1. 在鍋中放入油以中火加熱，加入洋蔥大略拌炒。
2. 加入青豌豆和蝦仁後繼續拌炒。
3. 倒入水後以大火煮至沸騰，轉為小火並加入咖哩塊攪拌溶解，再小滾煮一下。

061 ——— 以大量綠色蔬菜驅除夏季的倦怠感！
3種夏季蔬菜咖哩

材料（2人份）

油…1大匙
洋蔥（切成1cm塊狀）…1/2個
秋葵（切成寬1cm段）…10根
四季豆（切成寬1cm段）…20根
獅子唐青椒（切成寬1cm段）…15根
肉味噌…2小匙
水…150ml
咖哩塊…1.5人份

作法

1. 在鍋中放入油以中火加熱，加入洋蔥大略拌炒。
2. 加入秋葵、四季豆、獅子唐青椒與肉味噌混合拌炒。
3. 倒入水後以大火煮至沸騰，轉為小火並放入咖哩塊攪拌至溶解。

062 ——— 去皮甜椒的甜味有如水果般！
雙色甜椒夏季蔬菜咖哩

材料（2人份）

甜椒…5個
油…1大匙
蒜頭（切碎末）…1瓣
薑（切碎末）…1片
水…100ml
咖哩塊…1.5人份

作法

1. 用烤箱等將甜椒烤至整體表面焦黑。取出後放進調理盆中並包上保鮮膜，待稍微放涼後剝除外皮再切成適當的大小備用。
2. 在鍋中放入油以中火加熱，加入蒜末和薑末拌炒後再加入甜椒，繼續混合拌炒。
3. 倒入水後以大火煮至沸騰，轉為小火並放入咖哩塊攪拌至溶解。

063 —— 用濃湯塊做出深秋時想吃的滋味！
蘑菇堅果秋季蔬菜咖哩

材料（2人份）

油…1大匙
蒜頭（切碎末）…1瓣
蘑菇…450g
白酒…200ml
水…100ml
咖哩塊…1人份
濃湯塊…1人份
綜合堅果…3大匙

作法

1. 在鍋中放入油以中火加熱，加入蒜末拌炒直到呈現焦色為止。
2. 加入蘑菇混合攪拌，蓋上鍋蓋後以小火燜煎約5分鐘。
3. 打開鍋蓋後倒入白酒和水以大火煮至沸騰，轉小火後加入咖哩塊和濃湯塊，攪拌至完全溶解。
4. 加入綜合堅果混合攪拌即完成。

064 —— 金針菇的香氣和爽脆口感讓人停不下來！
茄子與金針菇秋季蔬菜咖哩

材料（2人份）

油…2大匙
茄子（切細條）…3根
馬鈴薯（切細絲）…1個
金針菇（剝散）…1包
水…200ml
咖哩塊…2人份

作法

1. 在鍋中放入油以中火加熱，加入茄子大略拌炒，蓋上鍋蓋以小火燜煎約5分鐘。
2. 放入馬鈴薯和金針菇攪拌，倒入水以大火煮至沸騰後蓋上鍋蓋，轉小火燉煮約5分鐘。
3. 打開鍋蓋，加入咖哩塊攪拌至溶解。

065 — 蕪菁黏糊的口感減緩了冬天的寒冷
蕪菁長蔥冬季蔬菜咖哩

材料（2人份）

油…1大匙
長蔥（切大段）…1/2根
培根（切粗末）…少許
水…300ml
蕪菁（切成4等分）…2個
咖哩塊…1.5人份

作法

1. 在鍋中放入油以中火加熱，加入長蔥與培根，充分拌炒至培根變得脆硬。
2. 倒入水後以大火煮至沸騰，加入蕪菁後蓋上鍋蓋，轉小火燉煮約10分鐘。
3. 打開鍋蓋，加入咖哩塊攪拌至溶解。

066 — 從鮮綠咖哩中飄散出青海苔的香氣
菠菜海苔冬季蔬菜咖哩

材料（2人份）

菠菜（水煮過）…5株
油…2大匙
蒜頭（切碎末）…1瓣
薑（切碎末）…1片
青海苔…1小匙
水…200ml
青花菜（分成小株）…1/3株
咖哩塊…2人份

作法

1. 將菠菜放入攪拌機攪打至糊狀。
2. 在鍋中放入油以中火加熱，加入蒜末和薑末大略拌炒。
3. 加入青海苔攪拌後倒入水，以大火煮至沸騰，加入青花菜轉小火燉煮約3分鐘。
4. 加入咖哩塊攪拌至溶解後，加入**1**的菠菜糊再次混拌。

067 — 鷹嘴豆的鬆軟口感讓人上癮的一道咖哩

鷹嘴豆咖哩

材料（2人份）

油…2大匙
長蔥（切圓片）…2根
蒜頭（磨泥）…1瓣
薑（磨泥）…1片
鷹嘴豆（水煮，壓碎）…250g
梅乾（取下梅肉碾碎）…1個
砂糖…1小匙
水…150ml
咖哩塊…2人份
香菜（切碎末）…適量

作法

1. 在鍋中放入油以中火加熱，加入長蔥拌炒至呈金黃焦糖色為止。
2. 加入蒜泥和薑泥拌炒，再加入鷹嘴豆、梅乾、砂糖與水後以大火加熱至沸騰，轉小火稍微燉煮一下。
3. 加入咖哩塊攪拌至溶解後，加入香菜再煮約2分鐘。

068 — 放入大量豆類，就算沒有肉也很有飽足感！

綜合豆類咖哩

材料（2人份）

油…2大匙
洋蔥（切碎末）…1/2個
蒜頭（磨泥）…1瓣
薑（磨泥）…1片
綜合豆類…250g
水…200ml
咖哩塊…2人份
蛋液…2個份

作法

1. 在鍋中放入油以中火加熱，加入洋蔥拌炒至呈金黃焦糖色為止。加入蒜泥和薑泥大略拌炒，再加入綜合豆類混合拌炒。
2. 倒入水後以大火煮至沸騰，轉小火後加入咖哩塊攪拌至溶解。
3. 加入蛋液後充分攪拌，再小滾煮一下。

069 — 紅魽纖細的高雅滋味與芝麻油香氣是絕配
紅魽咖哩

材料（2人份）

芝麻油…1大匙
紅魽（切成一口大小）…4片份
薑（磨泥）…1片
白蘿蔔（切薄片）…1/5根
魚露…2小匙
水…200ml
咖哩塊…1人份

作法

1　在鍋中放入芝麻油以中火加熱，加入紅魽將整體表面煎至上色。
2　將咖哩塊之外的材料全部加入鍋中以大火煮至沸騰，轉小火再煮約5分鐘。
3　加入咖哩塊攪拌至溶解。

070 — 在淡雅的鱈魚咖哩加入隱藏調味料味噌，做出深邃滋味
鱈魚咖哩

材料（2人份）

芝麻油…1大匙
鱈魚（切成一口大小）…4片份
薑（磨泥）…1片
整顆番茄罐頭（壓碎）…1/2罐
味噌…2小匙
水…200ml
咖哩塊…1人份

作法

1　在鍋中放入芝麻油以中火加熱，加入鱈魚將整體表面煎至上色。
2　將咖哩塊之外的材料全部加入鍋中以大火煮至沸騰，轉小火再煮約3分鐘。
3　加入咖哩塊攪拌至溶解。

咖哩塊咖哩

071 — 充滿薑的香氣！宛如味噌煮鯖魚般的一道
鯖魚咖哩

材料（2人份）

芝麻油…1大匙
洋蔥（切月牙狀）…1/2個
鯖魚（切成一口大小）…4片份
白酒…100ml
薑（磨泥）…1片
味噌…2小匙
砂糖…1小匙
水…100ml
咖哩塊…1人份

作法

1. 在鍋中放入芝麻油以中火加熱，加入洋蔥和鯖魚將整體表面拌炒至上色後，倒入白酒讓酒精蒸散。
2. 將咖哩塊之外的材料全部加入鍋中以大火煮至沸騰，轉小火再煮約3分鐘。
3. 加入咖哩塊攪拌至溶解。

072 — 加入七味粉提味！竹筴魚的鮮味在口中擴散開來
竹筴魚咖哩

材料（2人份）

芝麻油…1大匙
洋蔥（切月牙狀）…1/2個
竹筴魚（切大塊）…2條
薑（磨泥）…1片
蒜頭（磨泥）…1瓣
醬油…2小匙
七味辣椒粉…1小匙
水…200ml
咖哩塊…1人份

作法

1. 在鍋中放入芝麻油以中火加熱，加入洋蔥和竹筴魚將整體表面拌炒至上色。
2. 將咖哩塊之外的材料全部加入鍋中以大火煮至沸騰，轉小火再煮約3分鐘。
3. 加入咖哩塊攪拌至溶解。

073 — 用隱藏調味料柑橘醬，增添鮮味與溫和甜味
鮭魚咖哩

材料（2人份）

芝麻油…1大匙
鮭魚（切成一口大小）…4片份
薑（磨泥）…1片
蒜頭（滾刀切成薄片）…1/3瓣
柑橘醬…1大匙
鹽…少許
水…200ml
咖哩塊…1人份

作法

1. 在鍋中放入芝麻油以中火加熱，加入鮭魚將整體表面煎至上色。
2. 將咖哩塊之外的材料全部加入鍋中以大火煮至沸騰，轉小火再煮約3分鐘。
3. 加入咖哩塊攪拌至溶解。

074 — 奶油和蛤蜊的香氣讓人感受到大海氣息
蛤蜊咖哩

材料（2人份）

芝麻油…1大匙
蒜頭（切碎末）…2瓣
高麗菜（切大塊）…100g
蛤蜊（加熱後取出蛤蜊肉）…8個份
薑（磨泥）…1片
奶油…20g
水…250ml
咖哩塊…1人份

作法

1. 在鍋中放入芝麻油以中火加熱，加入蒜末和高麗菜將整體拌炒至變軟為止。
2. 將咖哩塊之外的材料全部加入鍋中以大火煮至沸騰，轉小火再煮約3分鐘。
3. 加入咖哩塊攪拌至溶解。

075 — 加入大量韭菜的香氣和烏賊非常契合！
烏賊咖哩

材料（2人份）

芝麻油…1大匙
槍烏賊（切成較小的一口大小）…200g
薑（磨泥）…1片
洋蔥（切成2cm塊狀）…1個
韭菜（切細碎）…3根
砂糖…1小匙
魚露…2小匙
水…200ml
咖哩塊…1人份

作法

1. 在鍋中放入芝麻油以中火加熱，加入烏賊將整體表面拌炒至上色為止。
2. 將咖哩塊之外的材料全部加入鍋中以大火煮至沸騰，轉小火再煮約3分鐘。
3. 加入咖哩塊攪拌至溶解。

076 — 宛如地中海料理！也很適合搭配白酒
章魚咖哩

材料（2人份）

芝麻油…1大匙
水煮章魚（切成寬5mm）…200g
蒜頭（切薄片）…2瓣
甜椒（切碎末）…1個
白蘿蔔葉（切碎末）…80g（也可用蕪菁葉子代替）
薑（磨泥）…1片
番茄醬…2小匙
水…200ml
咖哩塊…1人份

作法

1. 在鍋中放入芝麻油以中火加熱，放入章魚和蒜片將整體表面拌炒至上色為止。
2. 將咖哩塊之外的材料全部加入鍋中以大火煮至沸騰，轉小火再煮約3分鐘。
3. 加入咖哩塊攪拌至溶解。

077 — 帶殼蝦子的鮮甜滲進蕪菁並融合在湯汁裡
蝦子咖哩

材料（2人份）

芝麻油…1大匙
蝦子（帶殼）…8隻
薑（磨泥）…1片
蕪菁（滾刀切成薄塊）…1個
奶油…20g
檸檬汁…1/2個份
水…200ml
鹽…略少於1/2小匙
咖哩塊…1人份

作法

1. 在鍋中放入芝麻油以中火加熱，加入蝦子將整體表面拌炒至上色為止。
2. 將咖哩塊之外的材料全部加入鍋中以大火煮至沸騰，轉小火再煮約3分鐘。
3. 加入咖哩塊攪拌至溶解。

078 — 外觀和顏色都很豐富，能享受不同口感的一道
蝦子綜合蔬菜咖哩

材料（2人份）

芝麻油…1大匙
去殼蝦仁…200g
蒜頭（切薄片）…2瓣
紅酒…100ml
薑（磨泥）…1片
番茄（切大塊）…1個
蕪菁（縱向切成6等分）…1個
紅蘿蔔（滾刀切成薄塊）…1/3根
砂糖…1小匙
水…100ml
咖哩塊…2人份

作法

1. 在鍋中放入芝麻油以中火加熱，加入蝦子和蒜片將整體表面拌炒至上色為止。倒入紅酒讓酒精蒸散。
2. 將咖哩塊之外的材料全部加入鍋中以大火煮至沸騰，轉小火再煮約3分鐘。
3. 加入咖哩塊攪拌至溶解。

咖哩塊咖哩

079 ──── 味噌煮×咖哩的組合意外地搭配
味噌煮鯖魚罐頭咖哩

材料（2人份）

油…1大匙
薑（切細絲）…3/4片
長蔥（蔥綠部分，切成寬5mm圓片）…100g
水…300ml
味噌煮鯖魚（罐頭）…2罐
咖哩塊…2人份

作法

1　在鍋中放入油以中火加熱，加入薑絲大略拌炒。再加入長蔥拌炒至上色為止。
2　倒入水後以大火煮至沸騰，將味噌煮鯖魚罐頭連同汁液一起加入，轉小火燉煮約5分鐘。
3　關火後稍微放涼，加入咖哩塊攪拌至完全溶解。
4　再次用文火熬煮至變得濃稠為止。

---

080 ──── 甜鹹滋味加上咖哩，絕對非常下飯！
蒲燒秋刀魚罐頭咖哩

材料（2人份）

油…1大匙
薑（切碎末）…3/4片
洋蔥（切碎末）…1/2個
水…300ml
蒲燒秋刀魚罐頭（切成一口大小）…2罐
咖哩塊…2人份

作法

1　在鍋中放入油以中火加熱，加入薑末大略拌炒。再加入洋蔥拌炒至上色為止。
2　倒入水後以大火煮至沸騰，將蒲燒秋刀魚罐頭連同汁液一起加入，轉小火燉煮約2分鐘。
3　關火後稍微放涼，加入咖哩塊攪拌至完全溶解。
4　再次用文火熬煮至變得濃稠為止。

081 ── 有著高湯鮮味的奶香咖哩，會很想在冬天享用
花蛤巧達濃湯風咖哩

材料（2人份）

奶油⋯20g
A｛
　蒜頭（切碎末）⋯1瓣
　培根片（切成1cm塊狀）⋯20g
　洋蔥（切成1cm塊狀）⋯1/4個
　紅蘿蔔（切成5mm塊狀）⋯1/5根
｝
馬鈴薯（切成1cm塊狀）⋯1/2個

白酒⋯1大匙
花蛤罐頭（水煮）⋯4罐（固體120g）
水⋯50ml
雞高湯顆粒⋯1小匙
胡椒鹽⋯少許
牛奶⋯200ml
咖哩塊⋯0.5人份
荷蘭芹（切碎末）⋯適量

作法

1. 在鍋中放入奶油以小火融化後加入 A，轉中小火拌炒至洋蔥變透明。再加入馬鈴薯大略拌炒。
2. 倒入白酒以大火煮至沸騰，將花蛤罐頭（連同湯汁）、水、雞高湯顆粒與胡椒鹽加入後以大火煮沸，轉小火燉煮至馬鈴薯變軟為止。
3. 倒入牛奶後轉中小火煮至冒出小氣泡後關火。
4. 稍微放涼後加入咖哩塊，邊攪拌邊用餘溫加熱至完全溶解。
5. 加入荷蘭芹後再以小火燉煮約2分鐘。

082 ── 奶油和起司的濃醇感包覆著鮪魚的風味
鮪魚罐頭咖哩燉飯

材料（2人份）

奶油⋯20g
洋蔥（切碎末）⋯1/4個
鮪魚罐頭（油漬）⋯2罐
冷飯⋯300g
熱水⋯100ml
牛奶⋯100ml
咖哩塊⋯2人份
披薩用起司⋯30g
起司粉⋯適量
荷蘭芹（切碎末）⋯適量

作法

1. 在鍋中放入奶油以小火融化後加入洋蔥，轉中小火拌炒至其變透明。再將鮪魚罐頭連同湯汁一起加入，拌炒至水分收乾為止。
2. 加入冷飯充分混合攪拌，再倒入熱水和牛奶，以大火煮至沸騰後關火。
3. 加入咖哩塊，邊攪拌邊用餘溫加熱至完全溶解。
4. 加入披薩用起司攪拌，轉小火煮至起司融化。盛盤後撒上起司粉和荷蘭芹。

083 ── 如快炒般迅速上桌！充滿麻油香氣的中華風味咖哩

青椒牛肉炒咖哩

材料（2人份）

咖哩塊…2人份
熱水…150ml
芝麻油…1大匙
蒜頭（切碎末）…1瓣
薑（切細絲）…1片
洋蔥（切薄片）…1/2個
牛肉（燒烤用，切細條）…150g
青椒（切細條）…2個
焙煎白芝麻…2小匙

作法

1 在耐熱容器中放入咖哩塊，加入熱水後確實攪拌。

POINT
事前先將咖哩塊溶解的話就不容易結塊，也能縮短燉煮時所花的時間。

2 在鍋中放入芝麻油以中火加熱，加入蒜末和薑絲後拌炒至稍微上色為止。

3 加入洋蔥,拌炒至呈現出金黃焦糖色為止。

4 加入牛肉,拌炒至牛肉表面上色。

5 加入青椒和芝麻,再拌炒約3分鐘。

6 一口氣加入 **1** 的咖哩醬汁,快速混合拌炒即完成。

084 — 非常下飯的濃厚滋味
回鍋肉炒咖哩

材料（2人份）

●燉煮用醬汁
　咖哩塊…1人份
　中式高湯顆粒…1小匙
　甜麵醬…1大匙（也可用味噌代替）
　紅辣椒（去籽後切圓片）…1根份
　味醂…1大匙
　砂糖…1小匙
　熱水…250ml

油…1又1/2大匙
蒜頭（切碎末）…1片
豬肉（五花肉）…120g
薑（切細絲）…1/2片
長蔥（斜切片狀）…1/4根
高麗菜（切成3～4cm大塊）…100g
青椒（滾刀切成2cm塊狀）…1個
辣油…1小匙

作法

1　在耐熱容器中放入燉煮用醬汁的所有材料，充分拌勻。
2　在鍋中放入油以中火加熱，加入蒜末拌炒後再加入豬肉，拌炒至豬肉表面上色為止。
3　加入薑絲和長蔥，拌炒至變得柔軟。再加入高麗菜和青椒大略拌炒。
4　倒入燉煮用醬汁煮至沸騰。
5　轉小火燉煮到醬汁變得濃稠後，倒入辣油混合拌勻。

085 — 中式經典料理「青椒肉絲」的咖哩版本
青椒肉絲炒咖哩

材料（2人份）

●燉煮用醬汁
　咖哩塊…1人份
　中式高湯顆粒…1小匙
　蠔油…2小匙
　醬油…1小匙
　味醂…1大匙
　熱水…250ml
油…1又1/2大匙
豬肉（薑汁豬肉用的較厚里肌肉片，切成寬4～5mm細條）…120g
竹筍（水煮，切細條）…50g
青椒（切成寬3mm細條）…3個
長蔥（切碎末）…1/4根

作法

1　在耐熱容器中放入燉煮用醬汁的所有材料，充分拌勻。
2　在鍋中放入油以中火加熱，加入豬肉一邊撥散一邊炒至熟透。
3　加入竹筍和青椒後大略拌炒，再加入長蔥拌炒。
4　倒入燉煮用醬汁以中火煮至沸騰。
5　轉小火一邊輕輕攪拌一邊燉煮，煮到醬汁變得濃稠即完成。

086 — 將口感鬆軟滑順、讓人愛不釋口的韭菜炒蛋做成咖哩

韭菜炒蛋炒咖哩

材料（2人份）

雞蛋⋯3個
牛奶⋯2大匙
鹽⋯1小撮
胡椒⋯少許
油⋯2小匙
芝麻油⋯1小匙
韭菜（切成3cm段）⋯80g
咖哩塊⋯2人份
熱水⋯250ml

事前準備

製作韭菜炒蛋。
1. 在調理盆中放入雞蛋、牛奶、鹽與胡椒後攪拌均勻，製作好蛋液。
2. 在鍋中放入油和芝麻油以中火加熱，加入韭菜大略拌炒。
3. 倒入蛋液，當蛋液開始凝固時就轉為小火，一邊大幅翻拌炒至蛋呈半熟狀為止。

作法

1. 在熱水中放入咖哩塊溶解，倒入韭菜炒蛋的鍋中後以中火煮至沸騰。
2. 轉小火一邊輕輕攪拌一邊燉煮，煮到醬汁變得濃稠即完成。

---

087 — 很猶豫的時候就選這個！安定不變的美味

蔬菜炒咖哩

材料（2人份）

油⋯1大匙
紅蘿蔔（斜切成3mm厚的半月狀）⋯1/5根
高麗菜（切大塊）⋯80g
豆芽菜⋯50g
長蔥（蔥綠部分，斜切片狀）⋯20g
胡椒鹽⋯少許
咖哩塊⋯2人份
熱水⋯250ml

作法

1. 在鍋中放入油以中火加熱，加入紅蘿蔔拌炒至變軟為止。
2. 加入高麗菜、豆芽菜與長蔥後再撒上胡椒鹽，拌炒至整體都變軟為止。
3. 在熱水中放入咖哩塊溶解後加入鍋中，煮至沸騰。
4. 轉小火一邊輕輕攪拌一邊燉煮，煮到醬汁變得濃稠即完成。

088 — 配啤酒或配飯都很適合的一道
韭菜豬肝豆芽菜炒咖哩

材料（2人份）

●燉煮用醬汁
　咖哩塊…1人份
　中式高湯顆粒…1小匙
　蠔油…2小匙
　醬油…1小匙
　味醂…1大匙
　熱水…250ml
油…1大匙、1小匙

豬肝（切成2～3mm厚）
　…200g（如果很介意豬肝的氣味，可以先用牛奶浸泡30分鐘。取出後擦乾再使用）
蒜頭（切碎末）…1又1/2瓣
薑（切碎末）…1片
豆芽菜…1/2袋
韭菜…1把

作法

1　在耐熱容器中放入燉煮用醬汁的所有材料，充分拌勻。
2　在鍋中放入1大匙油以中火加熱，加入豬肝拌炒至上色後暫時取出備用。
3　在空鍋中放入1小匙油、蒜末與薑末，拌炒至產生香氣後加入豆芽菜大略拌炒。
4　把豬肝放回鍋中並加入韭菜，轉為大火大略拌炒。倒入燉煮用醬汁轉中火煮至沸騰。
5　轉小火一邊輕輕攪拌一邊燉煮，煮到醬汁變得濃稠即完成。

089 — 以咖哩風味烹調最適合用來增強精力的韭菜雞肝
韭菜雞肝炒咖哩

材料（2人份）

芝麻油…1大匙
蒜頭（切碎末）…1瓣
雞肝…150g
洋蔥（切厚片）…1/2個
韭菜（切成寬5cm段）…5根
咖哩塊…2人份
熱水…150ml

作法

1　在鍋中放入芝麻油以中火加熱，加入蒜末和雞肝拌炒。
2　加入洋蔥和韭菜大略拌炒。
3　將以熱水溶解的咖哩塊倒入鍋中，快速拌炒均勻。

090 —— 利用中式高湯做出超下飯的滋味
中華風味噌茄子炒咖哩

材料（2人份）

●燉煮用醬汁
　咖哩塊⋯1人份
　中式高湯顆粒⋯1小匙
　味噌⋯1大匙
　味醂⋯1又1/2大匙
　醋⋯1小匙
　一味辣椒粉⋯1/4小匙
　熱水⋯250ml

油⋯1大匙、1小匙
茄子（滾刀切成一口大小）⋯2～3根
豬絞肉⋯150g
蒜頭（切碎末）⋯1瓣
薑（切碎末）⋯1/2片
長蔥（切碎末）⋯1/2根
芝麻油⋯1小匙

作法

1. 在耐熱容器中放入燉煮用醬汁的所有材料，充分拌勻。
2. 在鍋中放入1大匙油以中火加熱，加入茄子拌炒至稍微上色後暫時取出備用。
3. 在空鍋中放入1小匙油以中火加熱，加入絞肉拌炒至絞肉滲出的油脂變透明為止。接著加入蒜末與薑末，拌炒至產生香氣。
4. 把茄子放回鍋中。倒入燉煮用醬汁以中火煮至沸騰。
5. 轉小火一邊輕輕攪拌一邊燉煮，煮至醬汁變得濃稠後加入長蔥和芝麻油，充分混拌後即完成。

咖哩塊咖哩

091 —— 豆瓣醬的刺激風味更加引出料理滋味
麻婆茄子炒咖哩

材料（2人份）

芝麻油⋯1大匙
牛豬混合絞肉⋯150g
茄子（切細條）⋯1根
豆瓣醬⋯2小匙
薑（切細絲）⋯1片
咖哩塊⋯1.5人份
熱水⋯150ml

作法

1. 在鍋中放入芝麻油以中火加熱，加入絞肉後拌炒至熟透為止。
2. 加入茄子、豆瓣醬和薑絲後以中火大略拌炒。
3. 將用熱水溶解的咖哩塊倒入鍋中，快速拌炒均勻。

092 ——— 做成咖哩風味麻婆豆腐讓人不停扒飯
麻婆豆腐炒咖哩

材料（2人份）

芝麻油…1大匙
蒜頭（切碎末）…1瓣
雞絞肉…150g
豆瓣醬…2小匙
豆腐（切塊後先水煮過）…1盒
咖哩塊…1.5人份
熱水…150ml

作法

1. 在鍋中放入芝麻油以中火加熱，加入蒜末和雞絞肉拌炒至完全熟透為止。
2. 加入豆瓣醬和豆腐，以中火大略拌炒。
3. 將用熱水溶解的咖哩塊倒入鍋中，快速拌炒均勻。

093 ——— 簡單卻讓人吃到停不下來的一道
菠菜炒蛋炒咖哩

材料（2人份）

油…1大匙
豬絞肉…100g
蒜頭（磨泥）…1瓣
薑（磨泥）…1片
菠菜（水煮後切大段）…5株
蛋液…2個份
咖哩塊…2人份
熱水…150ml

作法

1. 在鍋中放入芝麻油以中火加熱，加入絞肉拌炒至整體表面上色為止。
2. 加入蒜泥、薑泥和菠菜以中火拌炒至散發出香氣。倒入蛋液拌炒至蛋液凝固為止。
3. 將用熱水溶解的咖哩塊倒入鍋中，快速拌炒均勻。

094 ──── 將早餐的經典「培根蛋」做成咖哩版本
培根蛋炒咖哩

材料（2人份）

油…1大匙
洋蔥（橫切對半後再切成寬2mm）…1/4個
培根（薄片，切成寬2cm長方形片狀）…150g
雞蛋…2個
咖哩塊…2人份
熱水…250ml

作法

1. 在鍋中放入油以中火加熱，加入洋蔥和培根拌炒至上色為止。
2. 將洋蔥和培根集中到鍋內一側，把雞蛋打入鍋中煎製荷包蛋。
3. 將用熱水溶解的咖哩塊倒入鍋中並煮至沸騰。
4. 轉為小火，小心以不要將荷包蛋弄破的方式攪拌，煮到醬汁變得濃稠即完成。

咖哩塊咖哩

095 ──── 使用4種菇類、讓人食慾大開的炒咖哩
菇類炒咖哩

材料（2人份）

奶油…20g
洋蔥（切碎末）…1/4個
蒜頭（磨泥）…1瓣
●菇類
　舞菇（分成小株）…60g
　杏鮑菇（縱向剖半後再斜切片狀）…80g
　鴻禧菇（分成小株）…80g
　金針菇（剝散）…60g
咖哩塊…2人份
熱水…250ml

作法

1. 將奶油放入鍋中以小火融化，加入洋蔥以中火拌炒至變得透明柔軟為止。
2. 加入蒜泥拌炒至散發出香氣後，加入菇類拌炒至整體變軟出水為止。
3. 將用熱水溶解的咖哩塊倒入鍋中並煮至沸騰。
4. 轉小火一邊輕輕攪拌一邊燉煮，煮到醬汁變得濃稠即完成。

096 — 將常見下飯料理「泡菜豬肉」做成咖哩！
泡菜豬肉炒咖哩

材料（2人份）

芝麻油⋯1大匙
洋蔥（切月牙狀）⋯1/2個
豬肉（邊角碎肉）⋯150g
韓式泡菜⋯50g
咖哩塊⋯2人份
熱水⋯150ml

作法

1　在鍋中放入芝麻油以中火加熱，加入洋蔥大略拌炒。
2　加入豬肉和韓式泡菜，混合拌炒。
3　將用熱水溶解的咖哩塊倒入鍋中，快速拌炒均勻即可。

097 — 將魷魚和泡菜這個黃金組合做成炒咖哩
泡菜魷魚炒咖哩

材料（2人份）

油⋯1大匙
長蔥（切成寬1cm圓片）⋯1/2根
魷魚（切成圓圈狀）⋯1/2隻（150g，也可用冷凍魷魚）
韓式泡菜⋯100g
咖哩塊⋯2人份
熱水⋯250ml

作法

1　將油放入鍋中以中火加熱，加入長蔥拌炒至上色為止。
2　加入魷魚以中火拌炒至熟透後，加入韓式泡菜混合拌炒。
3　將用熱水溶解的咖哩塊倒入鍋中並煮至沸騰。
4　轉小火一邊輕輕攪拌一邊燉煮，煮到醬汁變得濃稠即完成。

098　　爽脆的豆芽菜相當美味，飽足感十足的一道

補充精力豬肉豆芽菜炒咖哩

咖哩塊咖哩

材料（2人份）

芝麻油…1大匙
豆芽菜…1袋
蒜頭（切碎末）…1瓣
豬肉（邊角碎肉）…100g
咖哩塊…2人份
熱水…150ml
醬油…1小匙

作法

1. 在鍋中放入芝麻油以中火加熱，加入豆芽菜混合拌炒後蓋上鍋蓋燜煎約2分鐘。
2. 加入蒜末和豬肉後以中火拌炒。
3. 將用熱水溶解的咖哩塊和醬油倒入鍋中，快速拌炒均勻即可。

099 ─── 讓人想大口享受的高麗菜雞肉咖哩
高麗菜雞肉辣炒咖哩

材料（2人份）

雞腿肉（切成一口大小）⋯150g
油⋯1大匙
高麗菜（切大塊）⋯200g
花生（壓碎）⋯1大匙
咖哩塊⋯2人份
熱水⋯150ml

作法

1. 將雞腿肉皮面朝下放入鍋中，以中火煎至整體表面充分上色為止。
2. 加入油、高麗菜和花生碎粒後蓋上鍋蓋，以中火燜煎至高麗菜變得柔軟為止。
3. 將用熱水溶解的咖哩塊倒入鍋中，快速拌炒均勻即可。

100 ─── 在食慾不振時非常推薦試試秋葵和納豆
秋葵納豆炒咖哩

材料（2人份）

油⋯1大匙
洋蔥（橫切對半後再切成寬2mm）⋯1/2個
薑（切成長3cm細絲）⋯1片
秋葵（斜切成寬1cm片狀）⋯16根
納豆⋯1盒
咖哩塊⋯2人份
熱水⋯250ml

作法

1. 在鍋中放入油以中火加熱，加入洋蔥拌炒至變得透明柔軟為止。
2. 加入薑絲和秋葵以中火大略拌炒後，再加入納豆繼續混合拌炒。
3. 將用熱水溶解的咖哩塊倒入鍋中煮至沸騰。
4. 轉小火一邊輕輕攪拌一邊燉煮，煮到醬汁變得濃稠即完成。

101 —— 青花菜吸收滿滿扇貝甜味的一道
扇貝青花菜炒咖哩

材料（2人份）

油⋯1大匙
青花菜（分成小株）⋯1/4小株
扇貝⋯150g
日式美乃滋⋯1大匙
咖哩塊⋯1.5人份
熱水⋯150ml

作法

1　在鍋中放入油以中火加熱，加入青花菜大略拌炒混合。
2　加入扇貝和美乃滋快速拌炒。
3　將用熱水溶解的咖哩塊倒入鍋中，快速拌炒均勻即可。

102 —— 很適合配啤酒享用的德式風味咖哩
香腸馬鈴薯炒咖哩

材料（2人份）

油⋯1大匙
德式香腸（斜斜劃入幾道切口）⋯10根
馬鈴薯（切成1cm塊狀）⋯1個
橄欖（去籽）⋯20個
咖哩塊⋯2人份
熱水⋯150ml

作法

1　在鍋中放入油以中火加熱，加入香腸和馬鈴薯拌炒至充分上色為止。
2　加入橄欖再繼續拌炒約1分鐘。
3　將用熱水溶解的咖哩塊倒入鍋中，快速拌炒均勻即可。

Tin Pan Column

關於渡邊雅之

在咖哩食譜開發專家集團「Tin Pan Curry」中負責「新手咖哩」。擁有一流專家的能力，但又能開發一般民眾也能方便製作的食譜。另外一個身分是咖哩專門店「TOKYO MIX CURRY」的負責人。

個性沉著安靜，不太會主動提及自己的事，彷彿被一層紗籠罩著。也因為這樣，所以其實渡邊雅之住在倫敦時，曾在印度西部果阿料理專賣店修行過這件事，也幾乎沒人知道。他不僅學到料理技術，明明沒有被要求但卻主動調整店家的經營模式，包括可改善處等他都做了大量調查報告，可說是留下了一段「豐功偉業（？）」。而「TOKYO MIX CURRY」就是他帶著冷靜的分析力與經營力回日本後開創的事業。

先研發出基本款的咖哩食譜，接著為了讓料理能量產化而四處奔走，整頓店鋪體制。將料理食譜分解、重新構築，徹底研究幾乎所有的料理用機械，他為了隨時都能生產出味道穩定不變的料理花了很多的心思。在拍攝本書用的料理照片時，他將洋蔥拌炒後竟然完美達到原本設定的目標重量（公克數），在大家面前展現奇蹟般的技巧，讓現場歡聲雷動。是一位隱藏著深不可測潛力的成員。（水野仁輔）

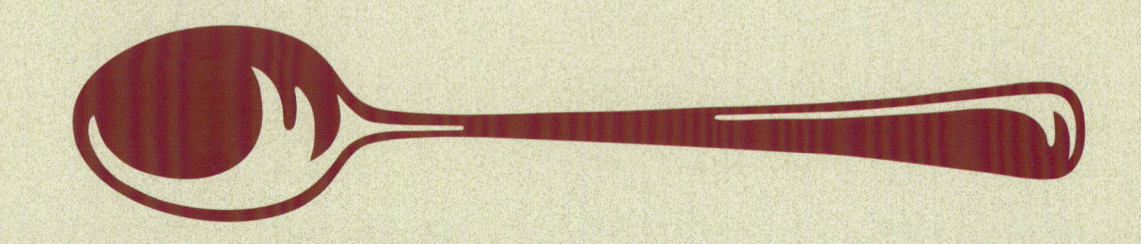

Part 3

香料咖哩

充分發揮香料效果的咖哩，
帶有能引發食慾的刺激性香氣
果然是其他咖哩無法相提並論的。
在香料咖哩中不僅有經典的雞肉咖哩，
和日式食材等搭配組合也充滿樂趣。

103 ——— 想做做看香料咖哩時的入門挑戰！

雞肉香料咖哩

香料咖哩

材料（2人份）

油⋯2大匙
●原型香料
　孜然籽⋯1小匙
　紅辣椒⋯1根
蒜頭（切碎末）⋯1瓣
薑（切碎末）⋯1片
洋蔥（切薄片）⋯1/2大個
●香料粉
　薑黃粉⋯1小匙
　甜椒粉⋯1/2小匙
　孜然粉⋯2小匙
　胡荽粉⋯2小匙

鹽⋯略多於1小匙
原味優格⋯100g
雞腿肉（切成一口大小）⋯400g
水⋯200ml
椰奶⋯100ml
香菜（切碎末）⋯適量

香料咖哩

作法

1　在鍋中放入油以中火加熱，加入原型香料炒至散發出香氣為止。

2　加入蒜末和薑末後大略拌炒。

　POINT
　要小心別讓蒜末炒焦！

3 加入洋蔥,拌炒至呈現如after照片般的金黃焦糖色為止。

before

after

4 加入香料粉和鹽後繼續拌炒。

5 加入優格混合攪拌後煮至稍微沸騰。

6 加入雞肉後以中火拌炒至肉的整體表面上色為止。

7 倒入水後煮至沸騰，不蓋鍋蓋轉小火燉煮約10分鐘。

香料咖哩

8 加入椰奶和香菜之後再稍微燉煮一下即可。

| 製作祕訣

掌握想呈現的顏色，
如設計般的咖哩

從想呈現的咖哩顏色往回推算並試著製作看看，會覺得非常有趣。例如：洋蔥要拌炒至什麼程度、需要加入優格等白色食材嗎、原型香料比較不會影響成品顏色但香料粉會對成品有影響……等等。即使是用同樣食材，顏色、質地、味道等都會大不相同，如果熟悉製作咖哩方法的話可以試著做些變化看看。

104　豬肉香料咖哩

滿滿塊狀豬肉的甘甜帶出濃厚滋味

材料（2人份）

洋蔥（切月牙狀）…1/2個
熱水…120ml
油…3大匙
●原型香料
　小豆蔻…2粒
　丁香…3粒
　肉桂棒…1/3根
蒜頭（切碎末）…1瓣
豬肉（五花肉，切成較小的一口大小）…200g

●香料粉
　薑黃粉…少許
　甜椒粉…少許
　孜然粉…略多於1小匙
　胡荽粉…略多於1小匙
　鹽…1小匙
紅酒…100ml
水…150ml
蜂蜜…1大匙
黑醋…1大匙
胡椒…1小匙

作法

1. 在鍋中放入洋蔥和熱水後蓋上鍋蓋，以大火煮約4～5分鐘。
2. 打開鍋蓋後轉中火，待收乾水分後加入油、原型香料與蒜末，將洋蔥拌炒至呈微焦淺褐色（請參照P.17）為止。
3. 加入豬肉後拌炒至整體表面上色。
4. 加入香料粉和鹽混合拌炒。
5. 倒入紅酒後轉為大火煮至冒泡沸騰。倒入水再煮至沸騰後，蓋上鍋蓋轉小火燉煮約30分鐘。
6. 打開鍋蓋加入蜂蜜、黑醋與胡椒，混合攪拌後再稍微煮一下即可。

105　肉末香料咖哩

滿滿青豌豆！洋溢雞肉鮮味的肉末咖哩

材料（2人份）

油…2大匙
洋蔥（切碎末）…1/2個
蒜頭（磨泥）…1瓣
薑（磨泥）…1片
番茄糊…1大匙
●香料粉
　薑黃粉…1/4小匙
　辣椒粉…1/4小匙
　孜然粉…2小匙

鹽…略多於1小匙
雞腿絞肉…200g
水…150ml
青豌豆（水煮）…固體100g
香菜（切碎末）…適量

作法

1. 在鍋中放入油以中火加熱，加入洋蔥拌炒至呈金黃焦糖色為止。
2. 加入蒜泥和薑泥大略拌炒。
3. 加入番茄糊、香料粉和鹽，繼續拌炒。
4. 加入雞絞肉後拌炒至整體熟透為止。
5. 倒入水後以大火煮至沸騰，加入青豌豆混合攪拌，蓋上鍋蓋轉小火燉煮約5分鐘。
6. 打開鍋蓋加入香菜，混合攪拌後即完成。

106 — 享受秋葵口感的奶香咖哩
秋葵香料咖哩

材料（2人份）

油…2大匙
●原型香料
　紅辣椒（去籽）…2根
　孜然籽…1/2小匙
洋蔥（切薄片）…1個
蒜頭（磨泥）…1瓣
薑（磨泥）…1片
番茄（切大塊）…1/2個

●香料粉
　薑黃粉…1/4小匙
　胡荽粉…2小匙
　葛拉姆馬薩拉綜合香料…少許
鹽…略多於1/2小匙
秋葵（縱切對半）…20根
鮮奶油…100ml
香菜（切碎末）…適量

作法

1　在鍋中放入油和原型香料後以中火加熱，拌炒至紅辣椒充分上色為止。
2　加入洋蔥拌炒至呈金黃焦糖色，加入蒜泥和薑泥大略拌炒。
3　加入番茄、香料粉和鹽以中火繼續拌炒。
4　加入秋葵混合攪拌，蓋上鍋蓋燉煮約5分鐘。
5　打開鍋蓋加入鮮奶油和香菜，混合攪拌後再稍微煮一下即可。

---

107 — 加在鬆軟馬鈴薯的四季豆成為亮點！
綜合蔬菜香料咖哩

材料（2人份）

洋蔥（切月牙狀）…1/2個
熱水…150ml
油…2大匙
紅蘿蔔（切成較小的一口大小）
…1根
馬鈴薯（切成較大的一口大小）
…2個
番茄糊…1大匙

●香料粉
　薑黃粉…1/4小匙
　辣椒粉…1/4小匙
　孜然粉…2小匙
鹽…略多於1/2小匙
水…150ml
四季豆（切成寬3cm段）…20根
薑（切細絲）…1片

作法

1　在鍋中放入洋蔥和熱水後蓋上鍋蓋，以大火煮約4～5分鐘。
2　打開鍋蓋收乾水分後，加入油、紅蘿蔔與馬鈴薯轉為中火混合拌炒。
3　加入番茄糊、香料粉與鹽繼續拌炒。
4　倒入水後以大火煮至沸騰，蓋上鍋蓋轉小火燉煮約10分鐘。打開鍋蓋加入四季豆並混合攪拌，再次蓋上鍋蓋以小火燉煮約10分鐘。
5　打開鍋蓋加入薑絲轉中火熬煮收乾水分。

108　鮭魚香料咖哩

最後加入的薄荷香氣清爽，和鮭魚非常搭配！

材料（2人份）

油…3大匙
● 原型香料
　孜然籽…1/2小匙
　芥末籽…1/2小匙
蒜頭（切碎末）…1瓣
薑（切大塊）…1片
洋蔥（切薄片）…1個
番茄糊…2大匙
● 香料粉
　薑黃粉…1/2小匙
　甜椒粉…1/2小匙
　孜然粉…1小匙
　胡荽粉…1小匙
　葛拉姆馬薩拉綜合香料…1/2小匙
鹽…略多於1/2小匙
水…100ml
椰奶…100ml
鮭魚片（切成一口大小）…400g
薄荷（切碎末）…適量

作法

1. 在鍋中放入油以中火加熱，加入原型香料拌炒。
2. 加入蒜末與薑以中火大略拌炒，再加入洋蔥炒至呈微焦淺褐色為止（參考P.17）。
3. 加入番茄糊混合拌炒。
4. 加入香料粉和鹽，繼續拌炒。
5. 倒入水後煮至沸騰，再倒入椰奶以小火大略煮過。
6. 加入鮭魚煮至熟透，在最後完成時加入薄荷混合攪拌即完成。

製作秘訣

只需混合香料粉！
來做做看快速方便的咖哩粉

市面上販售的咖哩粉是混合了約20～30種香料調配而成，但只需要混合調配幾種香料粉，在家也能簡單做好咖哩粉。優點是因為使用的香料種類較少，更能直接感受到每種香料的香氣。
製作的基本分量請參考下方。

・薑黃粉…1/2小匙　・甜椒粉…1/2小匙　・孜然粉…1小匙
・胡荽粉…1小匙　・葛拉姆馬薩拉綜合香料…1/2小匙

109　魚肉香料咖哩

清淡的白肉魚裹上濃稠醬汁，如同奶油燉菜般的一道！

材料（2人份）

洋蔥（切碎末）…1/2個
熱水…150ml
油…2大匙
紅辣椒…1根
薑（切細絲）…1片
● 香料粉
　薑黃粉…1/4小匙
　胡荽粉…2小匙
鹽…略多於1/2小匙
水…150ml
白肉魚片（切成一口大小）…200g
鮮奶油…50ml

作法

1. 在鍋中放入洋蔥和熱水以大火煮至沸騰。蓋上鍋蓋轉小火燉煮約10分鐘。
2. 打開鍋蓋，收乾水分後加入油、紅辣椒和薑絲，轉中火拌炒至呈金黃焦糖色為止。
3. 加入香料粉和鹽，繼續拌炒。
4. 倒入水後以大火煮至沸騰。加入魚肉蓋上鍋蓋，大略燉煮一下。
5. 打開鍋蓋倒入鮮奶油混合攪拌即完成。

110　綜合豆類香料咖哩

能享受多種豆類的口感！也可加入喜歡的豆子

材料（2人份）

洋蔥（切月牙狀）…1/2個
熱水…150ml
油…2大匙
薑（切碎末）…1片
番茄糊…1大匙
● 香料粉
　薑黃粉…1/4小匙
　辣椒粉…1/4小匙
　孜然粉…2小匙
鹽…略多於1小匙
優格…100g
綜合豆類…200g
鮮奶油…100ml

作法

1. 在鍋中放入洋蔥和熱水以大火煮至沸騰。蓋上鍋蓋轉中火燉煮約10分鐘。
2. 打開鍋蓋，收乾水分後加入油與薑末，拌炒至呈金黃焦糖色為止。
3. 加入番茄糊、香料粉和鹽，繼續拌炒。
4. 加入優格混合攪拌後加入綜合豆類繼續混合攪拌。
5. 最後倒入鮮奶油混合攪拌即完成。

111 　風味溫和的燉煮鮭魚搭配番茄，品嘗清爽滋味
喀拉拉風椰奶燉紅鮭

材料（2人份）

油…2大匙
紅辣椒…1根
洋蔥（切月牙狀）…1/2個
薑（切碎末）…1片
●香料粉
　薑黃粉…1/2小匙
　胡荽粉…2小匙
鹽…1/2小匙
胡椒…1/2小匙
水…50ml

椰奶…150ml
迷你番茄（切對半）…5個
紅鮭魚…2片份

作法

1. 在鍋中放入油和紅辣椒以中火拌炒。
2. 加入洋蔥和薑末後拌炒至洋蔥呈微焦淺褐色（參考P.17）為止。
3. 加入香料粉、鹽與胡椒大略拌炒。
4. 倒入水和椰奶後轉大火煮至沸騰，加入鮭魚和番茄後蓋上鍋蓋，轉小火燉煮約10分鐘即可。

香料咖哩

112 　將夏威夷的人氣料理變身成咖哩！
香蒜蝦仁咖哩

材料（2人份）

橄欖油…2大匙
蒜頭（切粗末）…1瓣
去殼蝦仁（大）…8～10隻
鹽…1/2小匙
奧勒岡…少許
羅勒…少許
孜然籽…1小匙
洋蔥（切碎末）…1/2個

番茄醬…2大匙
咖哩粉…1大匙
整顆番茄罐頭…1/4罐
水…100ml

作法

1. 在鍋中放入橄欖油以中火加熱，加入蒜末轉小火拌炒出香氣。再加入去殼蝦仁、鹽、奧勒岡與羅勒拌炒，炒好後取出備用。
2. 在同一鍋中放入孜然籽和洋蔥，以中火將洋蔥拌炒至呈金黃焦糖色為止。
3. 加入番茄醬、咖哩粉與少許鹽（分量外）大略拌炒，加入番茄罐頭後一邊把番茄壓碎一邊煮至沸騰。
4. 倒入水後再以大火煮約5分鐘，加入1後煮至沸騰即完成。

113 — 包覆著海鮮香氣、入口即化的白菜是極品美味！
香料奶醬燉煮蝦仁烏賊

材料（2人份）

油…2大匙
孜然籽…1/2小匙
洋蔥（切小段）…1/2個
蒜頭（切碎末）…1瓣
薑（切碎末）…1片
●香料粉
　胡荽粉…1大匙
　小豆蔻粉…1小匙
　肉豆蔻粉…1/2小匙

A｜綜合海鮮（蝦子、烏賊）…200g
　｜鹽…1/2小匙
　｜麵粉…1大匙
白菜（切薄片）…1/8棵
牛奶…300ml

作法

1. 在鍋中放入油以中火加熱，加入孜然籽加熱至散發香氣為止。
2. 加入洋蔥拌炒至呈微焦淺褐色（參照P.17），再加入蒜末和薑末混合拌炒。
3. 加入香料粉和**A**後大略拌炒。
4. 加入白菜和牛奶後轉大火煮至沸騰，再轉小火燉煮約10分鐘即完成。

114 — 連骨頭整隻熬煮！加入柔軟沙丁魚的清爽咖哩
馬賽魚湯風味沙丁魚咖哩

材料（2人份）

沙丁魚（小）…4條
胡椒鹽…少許
白酒…1大匙
油…2大匙
孜然籽…1/2小匙
洋蔥（切小段）…1/2個
蒜頭（切碎末）…1瓣
薑（切碎末）…1片

整顆番茄罐頭…1/4罐
咖哩粉…1大匙
鹽…1/2小匙
水…200ml
馬鈴薯（切成一口大小）…4個
月桂葉…1片
去殼花蛤肉…6粒

作法

1. 去除沙丁魚的頭、魚鱗並取出內臟，充分清洗乾淨後撒上胡椒鹽和白酒。
2. 在鍋中放入油以中火加熱，加入孜然籽拌炒至散發香氣為止。
3. 加入洋蔥拌炒至呈金黃焦糖色，再加入蒜末和薑末混合拌炒。
4. 加入番茄罐頭、咖哩粉與鹽大略拌炒，再倒入水煮5～6分鐘至沸騰。
5. 加入沙丁魚和其他剩餘材料後蓋上鍋蓋，轉小火燉煮至馬鈴薯變得柔軟為止。

115 — 大家都喜歡的味道！也很適合配飯或義大利麵
燉煮肉丸咖哩

材料（2人份）

A
| 牛豬混合絞肉…250g
| 鹽…1/2小匙
| 片栗粉…2小匙
| 番茄醬…1大匙
| 孜然粉…1/2小匙

油…2大匙
孜然籽…1/2小匙
洋蔥（切碎末）…1個
蒜頭（磨泥）…1瓣
薑（磨泥）…1片

整顆番茄罐頭…1/2罐
●香料粉
　胡荽粉…1大匙
　辣椒粉…1小匙
　薑黃粉…1/2小匙
鹽…1/2小匙
水…200ml

作法

1. 在調理盆中放入 **A** 的所有材料混合攪拌，做成一口大小的丸子。
2. 在鍋中放入油以中火加熱，加入孜然籽並拌炒至散發香氣為止。
3. 加入洋蔥拌炒至呈金黃焦糖色，再加入蒜泥和薑泥混合攪拌。
4. 加入番茄罐頭、香料粉與鹽，一邊把番茄壓碎一邊大略拌炒。
5. 倒入水後以大火煮至沸騰，加入 **1** 蓋上鍋蓋，轉小火燉煮約10分鐘至肉丸熟透為止。

116 — 享受多汁香腸與滋味溫和豆類的口感
卡酥來風白香腸咖哩

材料（2人份）

油…2大匙
白香腸…4根
蒜頭（切碎末）…2瓣
洋蔥（切小段）…1/2個
●香料粉
　胡荽粉…2小匙
　孜然粉…1小匙
　甜椒粉…2小匙
　胡椒…1/2小匙

鹽…1/2小匙
整顆番茄罐頭…1/2罐
白腰豆（水煮）…100g

作法

1. 在鍋中放入油以中火加熱，加入白香腸煎至稍微上色後取出備用。
2. 在空鍋中放入蒜頭拌炒，散發香氣後再加入洋蔥拌炒至呈金黃焦糖色為止。
3. 加入香料粉和鹽大略拌炒後加入番茄罐頭，邊把番茄壓碎邊煮至稍微沸騰。
4. 加入白腰豆和白香腸後轉小火燉煮約8～10分鐘。

117 — 一定會多吃幾碗！想大吃一頓時的推薦料理
香料茄醬燉煮豬里肌

材料（2人份）

- ●番茄醬汁
  - 蒜頭…1瓣
  - 油…2大匙
  - 整顆番茄罐頭…1/2罐
  - 檸檬汁…2大匙
  - 鹽…1/2小匙
  - 砂糖…2小匙
  - 孜然粉…1小匙
  - 胡荽粉…1小匙
  - 甜椒粉…1小匙
  - 辣椒粉…1/2小匙
  - 奧勒岡…1/2小匙
  - 水…50ml～
- 豬肉（炸豬排用的里肌肉）…2片
- 胡椒鹽…少許
- 油…1大匙
- 洋蔥（切成較大的小段）…150g

作法

1. 把製作番茄醬汁的材料全部放進攪拌機中攪打成糊狀。豬肉撒上胡椒鹽。
2. 在鍋中放入油以中火加熱後放入豬肉。煎至上色就翻面，並加入洋蔥一邊拌炒一邊將豬肉煎至上色。
3. 放入1以大火煮至沸騰，轉小火燉煮約10分鐘。

118 — 刺激辣味與番茄甜味達成最佳平衡！
塔可風肉末咖哩

材料（2人份）

- 牛豬混合絞肉…300g
- 水…100ml
- 油…2大匙
- ●原型香料
  - 孜然籽…1/2小匙
  - 紅辣椒…1根
- 洋蔥（切碎末）…1/2個
- 蒜頭（磨泥）…1瓣
- 薑（磨泥）…1片
- 番茄醬…3大匙
- ●香料粉
  - 胡荽粉…1大匙
  - 甜椒粉…1小匙
  - 肉豆蔻粉…1/4小匙
- 鹽…1小匙
- 整顆番茄罐頭…1/4罐
- 墨西哥辣椒醬…1大匙
- ●飾頂配料
  - 洋蔥、番茄、荷蘭芹（皆切碎末）…適量

作法

1. 在鍋中放入絞肉和水以小火熬煮至收乾水分後取出備用。
2. 在同一鍋中放入油以中火加熱，加入原型香料拌炒後再加入洋蔥，拌炒至呈金黃焦糖色。加入蒜泥和薑泥混合攪拌。
3. 加入番茄醬、香料粉和鹽，大略拌炒。
4. 把1和番茄罐頭加入鍋中，邊壓碎番茄邊以小火熬煮。關火後加入墨西哥辣椒醬並混合攪拌。盛盤並放上飾頂配料。

119 — 如西班牙冷湯般的清爽滋味讓香料風味更加突出！
香料蔬菜冷咖哩

材料（2人份）

A
- 番茄…1個
- 洋蔥…1/8個
- 西洋芹…50g
- 甜椒…1/2個
- 葡萄酒醋…2小匙
- 檸檬汁…1大匙
- 鹽…1小匙
- 麵包粉…25g
- 水…50ml～

- 橄欖油…4大匙
- 孜然籽…1/2小匙
- 茴香籽…1/2小匙
- 咖哩葉…3～5片
- 蒜頭（切粗末）…1瓣
- ●飾頂配料
  - 西洋芹、番茄、荷蘭芹（皆切粗末）…適量
  - 橄欖油…適量

作法

1. 把**A**全部放進攪拌機中攪打成糊狀備用。
2. 在鍋中放入橄欖油、孜然籽與茴香籽，以中火加熱至散發出香氣。
3. 加入咖哩葉和蒜末後關火，用餘溫加熱。
4. 將**3**加入**1**中，再次以攪拌機攪打成糊狀後放進冰箱冷藏。取出後盛盤，放上飾頂配料。

120 — 新鮮番茄和茄子水潤多汁！也可以放上起司！
土耳其風千層碎肉咖哩

材料（2人份）

- 油…2大匙
- ●原型香料
  - 茴香籽…1/2小匙
  - 紅辣椒…1根
- 茄子（縱切薄片）…2根
- 洋蔥（切碎末）…1/2個
- 蒜頭（切碎末）…1瓣
- 薑（切碎末）…1片
- ●香料粉
  - 胡荽粉…1大匙
  - 甜椒粉…1小匙
  - 胡椒粉…1/2小匙
  - 奧勒岡…1/2小匙
- 番茄糊…3大匙
- 鹽…1小匙
- 牛絞肉…150g
- 番茄（切薄片）…1/2個
- 迷迭香…適量（依喜好加入）

作法

1. 在鍋中放入油以中火加熱，加入原型香料拌炒至散發出香氣為止。另取一鍋放入油（分量外）以中火加熱，加入茄子半煎炸直到兩面充分上色後取出備用。
2. 在香料的鍋中加入洋蔥以中火拌炒至呈金黃焦糖色。再加入蒜末和薑末混合攪拌。
3. 加入香料粉、番茄糊與鹽大略拌炒後加入絞肉炒至融合為止。
4. 在耐熱容器中依序疊放**3**、番茄片與**1**，放入200℃的烤箱中烘烤5分鐘。依喜好撒上迷迭香。

121 — 集結冰箱裡的蔬菜！一起做成美味的咖哩享用
香料燉煮蔬菜

材料（2人份）

油⋯3大匙
● 原型香料
　紅辣椒⋯1根
　孜然籽⋯1/2小匙
　芥末籽⋯1小匙
洋蔥（切碎末）⋯1/2個
蒜頭（磨泥）⋯1瓣
薑（磨泥）⋯1片

● 香料粉
　孜然粉⋯2小匙
　甜椒粉⋯2小匙
整顆番茄罐頭⋯1/2罐
鹽⋯1小匙
手邊剩餘的蔬菜
（切成7mm塊狀）⋯150g
月桂葉⋯1片

作法

1. 在鍋中放入油以中火加熱，放入原型香料拌炒至散發出香氣。
2. 加入洋蔥拌炒至呈柔軟透明狀，再加入蒜泥和薑泥混合攪拌。
3. 加入香料粉、番茄罐頭與鹽，邊把番茄壓碎邊大略拌炒。
4. 加入蔬菜和月桂葉後轉大火煮至沸騰，再蓋上鍋蓋轉小火燉煮約10分鐘。

122 — 奢侈地享用滿滿玉米！
玉米奶油香料咖哩

材料（2人份）

油⋯1大匙
奶油⋯20g
孜然籽⋯1/2小匙
洋蔥（切碎末）⋯1/2個
蒜頭（切碎末）⋯1瓣
薑（切碎末）⋯1片
顆粒玉米罐頭⋯100g
雞絞肉（雞胸）⋯100g
鹽⋯1/2小匙

● 香料粉
　胡荽粉⋯1大匙
　小豆蔻粉⋯1小匙
　薑黃粉⋯1/2小匙
玉米醬罐頭⋯200g
水⋯80ml

作法

1. 在鍋中放入油和奶油以中火加熱，加入孜然籽拌炒至散發出香氣。
2. 加入洋蔥以中火拌炒至呈金黃焦糖色，再加入蒜末和薑末混合攪拌。
3. 加入玉米、雞絞肉、鹽與香料粉，以中火將雞絞肉炒至熟透。
4. 加入玉米醬轉小火燉煮約10分鐘，過程中將水分次倒入以調整濃度。

123 — 滿滿洋蔥濃湯咖哩

散發些許咖哩粉香氣，香甜又溫和的一道

材料（2人份）

A
水…180ml
牛奶…150ml
麵包粉…1大匙

無鹽奶油…20g
洋蔥（切成1cm塊狀）…1個
馬鈴薯（切成1cm塊狀）…1/2個
咖哩粉…1大匙
鹽…1小匙
乾燥荷蘭芹（碎末）…少許

作法

1. 把**A**的材料都放進攪拌機中攪打成糊狀。
2. 在鍋中放入奶油以中火加熱，加入洋蔥和馬鈴薯拌炒至洋蔥變透明為止。
3. 加入咖哩粉和鹽大略拌炒。
4. 加入**1**，稍微煮滾後轉小火燉煮約10分鐘。
5. 煮至馬鈴薯變軟後，全部放入攪拌機攪打成糊狀。盛盤後撒上荷蘭芹碎末。

124 — 咖哩燉飯

滋味溫和但充滿香氣！也很適合搭配葡萄酒

材料（2人份）

油…2大匙
奶油…20g
孜然籽…1/2小匙
洋蔥（切碎末）…1/2個
蒜頭（磨泥）…1瓣
薑（磨泥）…1片

A
咖哩粉…1大匙
冷飯…300g
白酒…2大匙
鹽…1小匙

水…300ml
牛奶…50ml
帕瑪森起司…2大匙

作法

1. 在鍋中放入油和奶油以中火加熱，加入孜然籽拌炒至散發出香氣。
2. 加入洋蔥拌炒至變得透明為止，再加入蒜泥和薑泥混合攪拌。
3. 加入**A**後一邊把白飯撥散一邊大略拌炒。
4. 倒入水後以小火燉煮至幾乎收乾水分，加入牛奶和帕瑪森起司後再煮至稍微沸騰即可。

125 — 擴散出培根鮮甜的墨西哥辣肉醬風咖哩
茄汁燉煮白腰豆咖哩

材料（2人份）

無鹽奶油…30g
洋蔥（切小段）…1/2個
培根（切成寬1cm）…2片
番茄糊…2大匙
咖哩粉…1大匙
椰奶…150ml
水…200ml
鹽…1/2小匙
白腰豆（水煮）…120g

作法

1. 在鍋中放入奶油以中火加熱，加入洋蔥和培根拌炒至洋蔥呈微焦淺褐色（參考P.17）為止。
2. 加入番茄糊和咖哩粉大略拌炒。
3. 加入椰奶、水與鹽轉大火煮至沸騰。
4. 加入白腰豆後再轉小火燉煮約5分鐘。

126 — 瀰漫八角的香氣，絕對美味！
茄汁奶醬咖哩

材料（2人份）

油…2大匙
●原型香料
　丁香…2粒
　八角…1/4個
　紅辣椒…1根
洋蔥（切碎末）…1/2個
蒜頭（磨泥）…1瓣
薑（磨泥）…1片
雞腿肉（切成一口大小）…250g
咖哩粉…1大匙
鹽…1/2小匙
整顆番茄罐頭…1/2罐
水…150ml
鮮奶油…50ml

作法

1. 在鍋中放入油以中火加熱，加入原型香料拌炒至散發出香氣。
2. 加入洋蔥並拌炒至呈金黃焦糖色，再加入蒜泥和薑泥混合攪拌。
3. 加入雞肉、咖哩粉與鹽大略拌炒，加入番茄罐頭並轉大火煮至沸騰。
4. 倒入水後再次煮至沸騰，轉小火燉煮約10分鐘。倒入鮮奶油再煮至稍微沸騰即完成。

香料咖哩

127 日式豬肉燴飯風咖哩

柔軟的豬肉和軟爛的洋蔥是絕佳搭配

材料（2人份）

A ｜ 豬肉（邊角碎肉）…200g
　　 咖哩粉…1大匙
　　 優格…3大匙
無鹽奶油…10g
油…1大匙
洋蔥（切小段）…1個
番茄醬…60g
紅酒…100ml
水…100ml

作法

1. 在塑膠袋中放入 **A** 混合均勻，放進冰箱冷藏醃漬1小時～一個晚上。
2. 在鍋中放入奶油和油以中火加熱，加入洋蔥後拌炒至呈微焦淺褐色（參考P.17）為止。
3. 加入 **1** 繼續拌炒，豬肉熟透後再加入其他材料，轉小火燉煮約10分鐘。

---

128 阿多波燉豬肉

帶有醃料酸甜滋味的豬肉是幸福的滋味！

材料（2人份）

豬肉（里肌肉）…2片
●醃料
　洋蔥…1/4個
　蒜頭…1瓣
　薑…1片
　綠辣椒…1根
　檸檬（帶皮）…1/2個
　香菜…40g
　蜂蜜…1大匙
　咖哩粉…1大匙
　鹽…1小匙
　橄欖油…3大匙
油…1大匙
水…100ml
椰奶…100ml

作法

1. 將醃料的材料以食物處理機打碎，和豬肉一起放入保鮮袋中醃漬約30分鐘。
2. 在鍋中放入油以中火加熱，擦拭掉豬肉上的醃料汁液後將豬肉放入鍋中煎。
3. 兩面都充分煎製後加入剩下的醃料，再倒入水和椰奶。
4. 轉大火煮至沸騰後蓋上鍋蓋，再轉小火燉煮約8～10分鐘。

※檸檬要連皮使用，所以請選擇不使用防腐劑也沒有上蠟的產品。

129 — 享受清爽杏仁奶的香氣與甜味
堅果奶醬雞肉咖哩

材料（2人份）

油⋯2大匙
小豆蔻⋯3粒
洋蔥（切粗末）⋯1個
蒜頭（磨泥）⋯1瓣
薑（磨泥）⋯1片
優格⋯50g
●香料粉
　胡荽粉⋯1大匙
　孜然粉⋯1小匙

薑黃粉⋯1/2小匙
鹽⋯1/2小匙
雞腿肉（切成一口大小）
⋯250g
杏仁奶⋯200ml
無鹽奶油⋯適量（依喜好）

作法

1. 在鍋中放入油以中火加熱，加入小豆蔻並拌炒至其膨脹起來為止。
2. 加入洋蔥拌炒至呈金黃焦糖色為止，再加入蒜泥與薑泥混合攪拌。
3. 加入優格、香料粉與鹽拌炒至產生濃稠感為止。
4. 加入雞肉並炒至表面變白，倒入杏仁奶轉小火燉煮約10分鐘。依喜好放上一小塊無鹽奶油。

香料咖哩

130 — 充滿奶油香氣的奶醬燉雞肉
白醬燉煮雞肉咖哩

材料（2人份）

無鹽奶油⋯15g
油⋯1大匙
蒜頭（切碎末）⋯1瓣
洋蔥（切小段）⋯1個
鹽⋯1/2小匙
咖哩粉⋯1大匙
雞肉⋯200g
蘑菇⋯4朵
白酒⋯50ml

牛奶⋯100ml
鮮奶油⋯50ml
檸檬（切薄片）
⋯數片（有的話）

作法

1. 在鍋中放入奶油以中火加熱，加入蒜末拌炒散發香氣後加入洋蔥和鹽，拌炒至呈微焦淺褐色（參考P.17）為止。
2. 加入咖哩粉、雞肉與蘑菇拌炒至雞肉表面上色。
3. 倒入白酒讓酒精蒸散，再轉小火燉煮約5分鐘。
4. 倒入牛奶和鮮奶油後以小火煮約5～8分鐘至質地變得濃稠。盛盤後附上檸檬片。

131 — 健康且營養豐富的清爽系豆類咖哩
黃豆咖哩

材料（2人份）

油…1大匙
孜然籽…1/2小匙
洋蔥（切碎末）…1/2個
蒜頭（切碎末）…1瓣
薑（切碎末）…1片
整顆番茄罐頭…1/8罐

● 香料粉
　胡荽粉…2小匙
　甜椒粉…1小匙
　孜然粉…1小匙
　小豆蔻粉…1小匙
　辣椒粉…1小匙
鹽…1小匙
砂糖…1小匙
黃豆（水煮）…200g
水…100ml

作法

1. 在鍋中放入油以中火加熱，加入孜然籽拌炒至散發香氣為止。
2. 加入洋蔥拌炒至呈金黃焦糖色，再加入蒜末和薑末混合攪拌。
3. 加入番茄罐頭、香料粉、鹽與砂糖大略拌炒。
4. 黃豆和水放入攪拌機攪打至糊狀後加入鍋中，以大火煮至沸騰後再轉小火煮約10分鐘。

132 — 爽快地享用新鮮檸檬的清爽酸味
整顆檸檬燉煮雞肉咖哩

※ 檸檬要連皮使用，所以請選擇不使用防腐劑也沒有上蠟的產品。

材料（2人份）

鮮奶油…75ml
檸檬（切薄片、留下數片當飾頂配料）…6～7片
油…2大匙
● 原型香料
　小豆蔻…2粒
　茴香籽…1/2小匙
　胡荽籽…1/2小匙
洋蔥（切小段）…1/2個
蒜頭（切碎末）…1瓣

薑（切碎末）…1片
● 香料粉
　薑黃粉…1/2小匙
　小豆蔻粉…1/2小匙
　胡荽粉…2小匙
鹽…1小匙
雞腿肉（切成一口大小）…250g
水…150ml

作法

1. 將鮮奶油和檸檬放入食物處理機攪打，製作檸檬醬汁。
2. 在鍋中放入油以中火加熱，加入原型香料拌炒至散發出香氣。
3. 加入洋蔥拌炒至呈微焦淺褐色（參考P.17）後，再加入蒜末和薑末混合攪拌。
4. 加入香料粉和鹽大略拌炒。再加入雞肉充分混合拌炒，直到雞肉煎出焦色為止。
5. 倒入水轉小火燉煮約10分鐘，加入 **1** 的檸檬醬汁後煮至沸騰。盛盤並擺上飾頂配料的檸檬片。

133 —— 煙燻堅果的香氣在入口的瞬間擴散開來
煙燻堅果雞肉咖哩

材料（2人份）

雞腿肉（切成一口大小）…250g
鹽…1/2小匙
油…1大匙
奶油…20g
蒜頭（切碎末）…1瓣
煙燻堅果（壓碎）…30g
咖哩粉…1又1/2大匙
鹽…1/2小匙
水…100ml
鮮奶油…200ml

作法

1. 在調理盆中放入雞肉，加入鹽和油搓揉醃漬。
2. 將雞肉皮面朝下放入鍋中以中火加熱，待整體煎至上色後加入奶油與蒜末，拌炒至蒜末稍微上色。
3. 加入煙燻堅果、咖哩粉與鹽攪拌融合。
4. 倒入水後刮著鍋底攪拌，再倒入鮮奶油轉小火燉煮約10分鐘。

134 —— 柔滑的口感中有蘑菇的香氣點綴！
簡便雞肉蘑菇奶醬咖哩

材料（2人份）

A
鹽…1/2小匙
胡椒…1/2小匙
三溫糖…1小匙
咖哩粉…1大匙
鮮奶油…50ml
牛奶…150ml
麵粉…1大匙

奶油…20g
洋蔥（切小段）…1/2個
蒜頭（磨泥）…1瓣
薑（磨泥）…1片
蘑菇（切薄片）…5朵
雞腿肉（切成一口大小）…200g

作法

1. 把**A**放入食物處理機攪打備用。
2. 在鍋中放入奶油以中火加熱，加入洋蔥拌炒至呈微焦淺褐色（參考P.17）為止。
3. 加入蒜泥和薑泥以中火大略拌炒，再加入蘑菇和雞肉拌炒至熟透。
4. 將**1**加入鍋中轉大火煮至沸騰，再轉小火燉煮至變得濃稠即可。

135 ── 柔軟豬肉中有醬油香氣點綴
肉汁燉煮豬肉咖哩

材料（2人份）

豬肉（燉菜用肉塊）…250g
胡椒鹽…少許
麵粉…1/2大匙
奶油…20g
油…1大匙
咖哩粉…1大匙

A｜ 紅酒…100ml
醬油…1又1/2小匙
番茄醬…1大匙
鹽…1/2小匙

水…150ml

作法

1. 在調理盆中放入豬肉、胡椒鹽和麵粉搓揉混合，放置約30分鐘。
2. 在鍋中放入奶油和油以中火加熱，放入豬肉煎至表面上色為止。
3. 加入咖哩粉大略拌炒，再倒入 **A** 煮至紅酒的酒精蒸散。
4. 倒入水煮至沸騰後轉小火燉煮5〜8分鐘至醬汁變得濃稠即完成。

136 ── 是一道牛肝菌口感豐富、美味的咖哩
牛肝菌紅酒牛肉咖哩

材料（2人份）

乾燥牛肝菌…5g
溫水…50ml
油…2大匙
洋蔥（切小段）…1/2個
蒜頭（磨泥）…1瓣
薑（磨泥）…1片

A｜ 整顆番茄罐頭…1/8罐
番茄醬…1大匙
咖哩粉…1大匙
鹽…1小匙

牛肉（邊角碎肉）…200g
紅酒…150ml
水…50ml
醬油…1小匙

作法

1. 把牛肝菌和溫水放入調理盆中靜置約10分鐘後，將水過濾後另外分開備用。
2. 在鍋中放入油以中火加熱，加入洋蔥拌炒至呈焦化深褐色（參考P.17）為止。加入蒜泥和薑泥混合攪拌。
3. 加入 **A**，邊壓碎番茄邊熬煮一下。
4. 加入牛肝菌和牛肉以小火大略煮過。
5. 將泡牛肝菌的水、紅酒、水以及醬油倒入，再燉煮10〜15分鐘。

137　芝麻胡椒豬肉咖哩
濃厚的芝麻香氣和豬肉非常搭配！

材料（2人份）

油…2大匙
●原型香料
　孜然籽…1/2小匙
　紅辣椒…1根
　粉紅胡椒…1小匙
洋蔥（切碎末）…1/2個
蒜頭（磨泥）…1瓣
薑（磨泥）…1片

●香料粉
　胡荽粉…2小匙
　薑黃粉…1/2小匙
　焙煎白芝麻…3小匙
　鹽…1小匙
豬肉（邊角碎肉）…200g
水…200ml

作法

1. 在鍋中放入油以中火加熱，加入原型香料拌炒至散發出香氣。
2. 加入洋蔥拌炒至呈金黃焦糖色，再加入蒜泥和薑泥混合攪拌。
3. 加入香料粉、焙煎白芝麻與鹽大略拌炒。
4. 加入豬肉和水轉大火煮至沸騰，再轉小火燉煮約10分鐘。

香料咖哩

138　胡桃豬肉咖哩
胡桃醬汁濃醇滑順的口感令人上癮

材料（2人份）

A｜水…180ml
　｜焙烤堅果…50g
油…2大匙
洋蔥（切碎末）…1/2個
蒜頭（切碎末）…1瓣
薑（切碎末）…1片
番茄（切大塊）…1個

●香料粉
　孜然粉…1小匙
　胡荽粉…1小匙
　薑黃粉…1/4小匙
　丁香粉…1/4小匙
　鹽…1小匙
豬肉（五花肉薄片）…200g

作法

1. 把A的材料放入食物處理機攪打，製作胡桃奶醬。
2. 在鍋中放入油以中火加熱，加入洋蔥拌炒至呈金黃焦糖色為止。再加入蒜末和薑末混合攪拌。
3. 加入番茄、香料粉與鹽大略混合拌炒。
4. 加入豬肉和1的胡桃奶醬後轉大火煮至沸騰，再轉小火燉煮約10分鐘。

139　雞肉蓮藕昆布高湯咖哩

以溫和昆布高湯為基底的咖哩充滿了孜然香氣

材料（2人份）

油…2大匙
孜然籽…1/2小匙
洋蔥（切小段）…100g
咖哩粉…1又1/2大匙
鹽…1小匙
雞腿肉（切大塊）…150g
蓮藕（切滾刀塊）…100g～
麵粉…1大匙
A｜水…200ml
　｜昆布茶…2小匙
　｜醬油…2小匙
　｜味醂…2小匙

作法

1. 在鍋中放入油以中火加熱，加入孜然籽和洋蔥拌炒至散發香氣且洋蔥變得透明為止。
2. 加入咖哩粉和鹽大略拌炒，再加入雞肉和蓮藕炒至上色。
3. 加入麵粉拌炒至沒有粉粒殘留為止。
4. 加入A煮至沸騰後轉小火再燉煮約10分鐘。

140　毛豆嫩薑雞肉咖哩

椰奶基底的咖哩中充滿嫩薑的清爽香氣

材料（2人份）

油…2大匙
蒜頭（切碎末）…1瓣
薑（切碎末）…1片
洋蔥（切小段）…1小個（120g）
優格…50g
咖哩粉…1大匙
鹽…1/2小匙
雞腿肉（切成一口大小）…200g
椰奶…150ml
去殼毛豆…50g
嫩薑（切細絲）…30g

作法

1. 在鍋中放入油以中火加熱，加入蒜末和薑末以中火拌炒至稍微上色為止。
2. 加入洋蔥拌炒至呈微焦淺褐色（參考P.17）為止。
3. 加入優格、咖哩粉、鹽與雞肉大略拌炒。
4. 倒入椰奶轉小火燉煮約10分鐘。
5. 加入毛豆和嫩薑絲再稍微煮一下即可。

香料咖哩

141 — 土手味噌煮的樸實美味很搭刺激的辣味

味噌燉牛筋咖哩

材料（2人份）

牛筋…150g
油…1大匙
●原型香料
　小豆蔻…2粒
　丁香…2粒
　肉桂棒…1根
洋蔥…100g
蒜頭（切碎末）…1瓣
薑（切碎末）…1/2片
●香料粉
　胡荽粉…2小匙
　辣椒粉…1小匙
　薑黃粉…1小匙
　胡椒粉…1小匙
番茄泥…2大匙
優格…2大匙

A
　蒟蒻（切成厚5mm長方形片狀）…80g
　紅酒…2大匙
　水…100ml
　鹽…1/3小匙
　檸檬汁…1/2小匙
　味噌…2又1/2小匙
　砂糖…1小匙

事前準備

牛筋的事前處理。

1. 在鍋中放入薑和蔥綠和水（皆分量外，蔥不放亦可）後，加入牛筋以大火煮至沸騰。沸騰後再繼續以大火煮約10分鐘以煮出雜質。
2. 轉為小火～中火，邊撈除浮沫邊燉煮約1～2小時至牛筋變軟為止。必要時可再倒入熱水（分量外）補足鍋中水分。
3. 用篩網撈出牛筋，清洗掉附著的髒汙後切成一口大小。挑出較硬的牛筋不用。

作法

1. 在鍋中放入油和原型香料以中火加熱，拌炒至散發出香氣為止。
2. 加入洋蔥、蒜末與薑末以中火拌炒至呈金黃焦糖色為止。
3. 關火加入香料粉磨壓翻拌，再加入番茄泥和優格以中火煮至收乾水分。
4. 加入牛筋和**A**煮至沸騰，再轉小火燉煮約15分鐘。

142 — 大家都喜歡的牛丼×咖哩之黃金組合

牛丼咖哩

材料（2人份）

●調味醬汁
　水…60ml
　醬油…2大匙
　砂糖…4小匙
　味醂…2小匙
　料理酒…2又1/2小匙
　薑（磨泥）…1/2片
洋蔥（切成約5mm薄片）…80g
牛肉（五花肉薄片，切成寬1cm）…160g
油…1大匙
番茄糊…1大匙
●香料粉
　薑黃粉…1/2小匙
　白胡椒粉…1/2小匙
　辣椒粉…1/2小匙
　葛拉姆馬薩拉綜合香料…1/2小匙
　孜然粉…1又1/2小匙
　胡荽粉…1又1/2小匙
紅薑（切碎末）…15g（依喜好加入）

作法

1. 將調味醬汁的材料和洋蔥放入鍋中以小火熬煮。
2. 醬汁沸騰後加入牛肉，將牛肉撥散並以中火煮約10分鐘。
3. 另取一鍋放入油加熱，加入番茄糊以中火拌炒。散發香氣後關火，加入香料粉再以中火拌炒至散發香氣為止。
4. 在**2**的鍋中加入**3**，熬煮約5分鐘。依喜好放上紅薑即完成。

143 —— 用「常備咖哩醬」就能簡單做好的基本款雞肉咖哩

[常備咖哩醬] 雞肉咖哩

香料咖哩

材料（2人份）

「常備咖哩醬」…120g ➡ 作法請參考 P.131～132
油…1大匙
雞腿肉…120g
水…150ml
香菜（切碎末）…適量（依喜好）

作法

1. 在鍋中放入油以中火加熱，將雞肉皮面朝下放入鍋中，煎5～10分鐘至雞皮變脆硬且雞肉熟透。翻面後再煎約1分鐘取出，切成一口大小。

2. 在另一鍋中放入「常備咖哩醬」和水，以大火煮至沸騰。加入雞肉再轉小火燉煮約15分鐘。盛盤後依喜好放上香菜。

| 製作秘訣 |

常備咖哩醬的作法

將香料與洋蔥等食材拌炒後呈糊狀的「常備咖哩醬」。有空的時候先一次做好較多分量，之後只要和喜歡的食材一起燉煮，就能享受正統滋味的咖哩。製作1人份咖哩時約使用60g。也可以冷凍保存，做好後分成小份保存起來，之後要用時就會更加方便。

冷藏可保存約1個禮拜，冷凍則約1個月。

材料（方便製作的分量） ＊完成時的分量約為120g

油…1大匙
洋蔥…中型1個
蒜頭（磨泥）…1瓣
薑（磨泥）…1/2片
鹽…1/2小匙
番茄糊…1又2/3小匙（若改用番茄泥分量要加倍）
●香料粉
　胡荽粉…1又1/2小匙
　薑黃粉…1/2小匙
　辣椒粉…1/2小匙
　小豆蔻粉…1/2小匙
　甜椒粉…1/2小匙
　孜然粉…1/2小匙
　茴香粉…1/2小匙
椰奶…1/2大匙
檸檬汁…1/2小匙
柳橙汁…1大匙
＊香料粉也可以用咖哩粉1又1/2大匙代替。

香料咖哩

作法

1　在平底鍋中放入油以大火加熱，加入洋蔥轉為中火拌炒至呈金黃焦糖色為止。

2　如果炒到快要燒焦，可倒入少許水（分量外）。

3 加入蒜泥、薑泥和鹽混合攪拌。

4 加入番茄糊拌炒,確實炒至收乾水分為止。

5 關火加入香料粉混合攪拌。

6 倒入椰奶、檸檬汁和柳橙汁轉中火熬煮。

7 煮好後關火即完成。

144 簡便奶油雞肉咖哩

常備咖哩醬

簡單卻非常正統！加入奶油做出濃厚風味

材料（2人份）

「常備咖哩醬」…120g　➡ 作法請參考P.131～132
油…1小匙
雞腿肉…150g
奶油…1大匙
番茄醬…2小匙
鮮奶油…100ml
※ 想做出清爽口感的話，也可以用等量牛奶或優格取代鮮奶油。

作法

1. 在鍋中放入油以中火加熱，將雞肉皮面朝下放入鍋中，煎5～10分鐘至雞皮變脆硬且雞肉熟透。翻面後再煎約1分鐘取出，切成一口大小。
2. 在另一鍋中放入雞肉和剩下的所有材料，以小火燉煮約10分鐘。為了避免燒焦，在燉煮時要不時以木鏟刮鍋底攪拌。

香料咖哩

145 鷹嘴豆雞絞肉咖哩

常備咖哩醬

可享受豆類、絞肉、高麗菜這3種不同的口感

材料（2人份）

「常備咖哩醬」…120g　➡ 作法請參考P.131～132
薑黃粉…1小匙
鷹嘴豆（泡水還原）…30g（建議使用去皮乾燥的Chana Dal）
雞絞肉（雞胸）…100g
蘋果醋…2小匙
優格…略少於3大匙
高麗菜（切小塊）…60g

作法

1. 把高麗菜之外的所有食材放入鍋中，邊用木鏟把絞肉撥散邊以中火燉煮約15分鐘。
2. 加入高麗菜後再煮約2分鐘。

146 — 海鮮類 × 椰奶的經典咖哩

常備咖哩醬 海鮮椰奶咖哩

材料（2人份）

「常備咖哩醬」…120g　➡ 作法請參考 P.131～132
冷凍綜合海鮮…150g
椰奶…50ml
水…80ml
香菜或蔥（切碎末）…適量（依喜好加入）

作法

1. 在鍋中放入所有材料，以大火燉煮。
2. 煮至沸騰後轉小火燉煮約15分鐘。煮好後依喜好撒上香菜或蔥花。

---

147 — 濃郁黏稠的基底中有鮮明的薑味

常備咖哩醬 薑汁鯖魚咖哩

材料（2人份）

「常備咖哩醬」…120g　➡ 作法請參考 P.131～132
鯖魚罐頭…1罐（150g）
辣椒粉…3/4小匙
葛拉姆馬薩拉綜合香料…1小匙
薑（切成如針般的極細絲）…2片
長蔥（斜切片狀）…40g
椰奶…60ml
水…40ml

作法

1. 將所有材料放入鍋中以中火加熱。用木鏟仔細將鯖魚撥散。
2. 燉煮約15分鐘即可。

148 醋燉豬五花咖哩

[常備咖哩醬]

多汁的豬五花肉和蘋果醋的酸味讓人食慾大增

材料（2人份）

「常備咖哩醬」…120g　➡作法請參考 P.131～132
豬肉（五花肉，切成一口大小）…200g
薑（切碎末）…1片
長蔥（蔥綠部分）…1根份
蘋果醋…2小匙
醬油…2小匙
日本酒…2小匙
水…90ml
砂糖…1大匙

作法

1. 把豬肉、薑末、長蔥和水（分量外）放入鍋中以中火加熱，邊撈除浮沫邊煮1小時～1個半小時。取出豬肉後切成方便食用的大小。
2. 在另一鍋中加入 **1** 的豬肉和剩下所有材料，以大火加熱。煮至沸騰後再轉中火燉煮約15分鐘。

---

149 豆漿薑汁肉末咖哩

[常備咖哩醬]

濃厚的豆漿讓咖哩整體滋味變得溫和

材料（2人份）

「常備咖哩醬」…120g　➡作法請參考 P.131～132
豬絞肉…100g
豆漿…150ml
醬油…1小匙
薑（切成如針般的極細絲）…2/3片

作法

1. 以中火熱鍋，放入絞肉拌炒至稍微上色。
2. 把剩下的材料全部放入鍋中轉大火煮至沸騰，再轉小火燉煮約10分鐘即可。

150 — 能品嘗菠菜和培根鮮甜滋味的清爽咖哩

[常備咖哩醬] **菠菜醬培根咖哩**

材料（2人份）

「常備咖哩醬」…120g ➡ 作法請參考 P.131～132

A
- 菠菜…80g（也可用冷凍菠菜）
- 洋蔥…20g
- 孜然籽…1又1/2小匙
- 茴香籽…1又1/2小匙
- 水…100ml
- 檸檬汁…2小匙

培根（切成長方形片狀）…100g

作法

1. 將 **A** 放入攪拌機中攪打成糊狀。
2. 以中火熱鍋，放入培根煎至上色為止。
3. 加入常備咖哩醬和 **1**，以中火燉煮約15分鐘。

---

151 — 羊肉和香料的香氣不論配酒或配飯都很適合

[常備咖哩醬] **羊肉馬鈴薯咖哩**

材料（2人份）

「常備咖哩醬」…120g ➡ 作法請參考 P.131～132
羊肉（切成一口大小）…160g

●醃料
- 孜然…1小匙
- 優格…1大匙
- 蒜頭（磨泥）…1瓣
- 鹽…1/3小匙
- 綠辣椒（切圓片）…1/2根

油…1/2大匙
馬鈴薯（切成一口大小）…中型1個
檸檬汁…1大匙
水…50ml

作法

1. 在調理盆中放入羊肉和醃料的所有材料混合攪拌。放進冰箱冷藏1小時以上（如果可以的話放置一個晚上）。
2. 在平底鍋中放入油以中火加熱，羊肉連同醃料一起加入鍋中，煎至羊肉表面上色為止。
3. 加入常備咖哩醬、馬鈴薯與檸檬汁轉中小火燉煮約30分鐘。煮至馬鈴薯變軟崩散即可。

152 — 裹上咖哩醬汁的鵪鶉蛋絕對美味！

[常備咖哩醬] **鵪鶉蛋咖哩**

材料（2人份）

「常備咖哩醬」…120g　➡作法請參考P.131～132
培根…30g
椰奶…100ml
鵪鶉蛋（水煮）…10個
水…80ml
孜然籽…2小匙
檸檬汁…2小匙

作法

1. 在鍋中放入培根以中火煎至兩面都充分上色為止。取出後切成約5mm塊狀。
2. 將培根放回鍋中，加入剩下的所有材料後以中火燉煮約15分鐘。

---

153 — 融化的起司更加凸顯主角的秋葵

[常備咖哩醬] **秋葵番茄起司咖哩**

材料（2人份）

「常備咖哩醬」…120g　➡作法請參考P.131～132
番茄（切成1.5cm塊狀）…中型1個
水…100ml
披薩用起司…40g
秋葵…6～7根

作法

1. 在鍋中放入常備咖哩醬、番茄與水以大火加熱。沸騰後加入披薩用起司，再轉小火煮約5分鐘。
2. 加入秋葵，為了避免起司燒焦，要邊用木鏟刮鍋底攪拌邊燉煮約5分鐘。

154 ── 留下蔬菜的口感是做得更加美味的訣竅
回鍋肉乾炒咖哩

材料（2人份）

油…1又2/3大匙
紅辣椒…1根
八角…1個（有的話）
豬肉（五花肉，切成一口大小）
…100g
●香料粉
　胡荽粉…1小匙
　孜然粉…1小匙
　葛拉姆馬薩拉綜合香料…1小匙
　薑黃粉…1小匙
　甜椒粉…1/2小匙

紹興酒…1大匙
高麗菜（切大塊）…1/8個
青椒（切細條）…1個
長蔥（切細條）…1/4根
●調味醬汁
　甜麵醬…1大匙
　豆瓣醬…1小匙
　醬油…1小匙
　砂糖…1又2/3小匙
　蒜頭（磨泥）…1/2瓣

作法

1　在鍋中放入油以中火加熱，加入紅辣椒和八角拌炒至散發出香氣為止。
2　加入豬肉轉大火拌炒至表面煎熟。
3　加入香料粉和紹興酒轉中火拌炒至整體融合為止。
4　加入高麗菜、青椒與長蔥後快速混合，蓋上鍋蓋燜煎3～4分鐘至高麗菜變軟出水為止。
5　加入調味醬汁拌炒2～3分鐘至幾乎收乾水分即可。

155 ── 充滿八角香氣的中華風咖哩
胡椒滷肉咖哩

材料（2人份）

芝麻油…1大匙
蒜頭（切碎末）…2又1/2瓣
薑（切碎末）…1大片
豬肉（五花肉，切成一口大小）
…250g
炸洋蔥…20g
八角…1個
五香粉…1又1/2小匙
胡椒…2小匙

●調味醬汁
　水…75ml
　蘋果醋…20ml
　紹興酒…2大匙
　醬油…1又1/2大匙
　蠔油…1大匙
　砂糖…2小匙
●勾芡水
　片栗粉…1大匙
　水…4小匙

作法

1　在鍋中放入芝麻油以中火加熱，加入蒜末和薑末拌炒至散發出香氣為止。
2　加入豬肉並炒至豬肉表面煎熟後，再加入炸洋蔥、八角、五香粉和胡椒，拌炒約1分鐘至散發出八角香氣為止。
3　倒入調味醬汁的材料以中小火燉煮約40分鐘，為了避免燒焦，在燉煮時要不時攪拌湯汁。
4　倒入勾芡水再稍微煮一下即可。

156 — 先醃漬過再仔細燉煮的牛肉是絕品美味！
牛肉咖哩

材料（2人份）

牛肉（五花肉，切成較大的一口大小）…150g
優格…1又1/3大匙
鹽…1/3小匙
胡椒…2/3小匙

A
- 油…2又1/2小匙
- 鹽…1/3小匙
- 紅蘿蔔（磨泥）…1/4根（30g）
- 洋蔥（磨泥）…1/2個
- 蒜頭（磨泥）…1/2瓣
- 番茄糊…3又1/3小匙（若改用番茄泥分量要加倍）

● 香料粉
- 小豆蔻粉…1/4小匙
- 肉桂粉…1/4小匙
- 丁香粉…1/4小匙
- 薑黃粉…1/4小匙
- 白胡椒粉…1/4小匙
- 辣椒粉…1/4小匙
- 甜椒粉…1/2小匙
- 葛拉姆馬薩拉綜合香料…1小匙
- 孜然粉…1小匙
- 胡荽粉…1小匙

B
- 水…100ml
- 醬油…2小匙
- 柳橙汁…20ml
- 檸檬汁…1小匙
- 紅酒…50ml
- 月桂葉…1片
- 鮮奶油…4小匙
- 炸洋蔥…5g（有的話）

馬鈴薯（切成一口大小）…1/2個

作法

1. 在保鮮袋中放入牛肉、優格、鹽和胡椒後混合，放置醃漬1小時以上（最多可醃漬一個晚上）。
2. 把1放入預熱至200℃的烤箱中（也可以用平底鍋煎）烤約20分鐘，至表面充分上色為止。
3. 在鍋中放入A的所有材料以中火拌炒至整體熟透為止（拌炒至略焦也沒問題）。加入香料粉混合攪拌。
4. 加入B的全部材料後轉大火煮至沸騰。放入2的牛肉及馬鈴薯，邊攪拌邊轉中火再度煮至沸騰。
5. 轉為小火燉煮約1小時。為了避免燒焦，在燉煮時要不時攪拌咖哩。

157 — 花椒的麻辣香氣讓人上癮
黑醬肉末咖哩

材料（2人份）

油…1大匙
洋蔥（切碎末）…100g
蒜頭（切碎末）…1又1/2瓣
薑（切碎末）…2/3片
番茄糊…2又1/2小匙
（若改用番茄泥分量要加倍）
醬油…2大匙
豬絞肉…200g
優格…4小匙
蘋果汁…2大匙
蜂蜜…1小匙
褐色芥末籽…1小匙
焙煎黑芝麻…2小匙
花椒…1/2小匙
蘋果醋…2小匙
● 香料粉
- 胡荽粉…1小匙
- 孜然粉…1小匙
- 胡椒粉…1又1/2小匙
- 薑黃粉…1/2小匙
- 辣椒粉…1/2小匙
- 葛拉姆馬薩拉綜合香料…1/2小匙

作法

1. 在平底鍋中放入油以中火加熱，放入洋蔥拌炒至呈焦化深褐色（參考P.17）為止。加入蒜末、薑末與番茄糊炒約2～3分鐘並收乾水分。
2. 將剩下的所有材料和香料粉加入鍋中，充分攪拌均勻後一邊小心不要燒焦，一邊以中火拌炒5～10分鐘。

158 — 也很推薦用自己喜歡的菇類做變化！
滿滿菇類咖哩

材料（2人份）

油…2又1/2小匙
●原型香料
　孜然籽…1/2小匙
　芥末籽…1/2小匙
洋蔥（切薄片）…1/2個
蒜頭（磨泥）…1/2瓣
薑（磨泥）…1/2片
●香料粉
　胡荽粉…1小匙
　薑黃粉…1/2小匙
　辣椒粉…1/2小匙
　甜椒粉…1/2小匙
　胡椒粉…1/2小匙
　肉桂粉…1/2小匙

鹽…1小匙
優格…4小匙
牛豬綜合絞肉…80g
●菇類
　全部加起來約150g（分量不同也沒關係）
　香菇（切成寬5mm）
　舞菇（切成寬4～5cm）
　杏鮑菇（切成較大的長方形片狀）
　鴻禧菇（分成小株）
椰奶…20ml
檸檬汁…1/2小匙
水…60ml

作法

1. 在鍋中放入油以中火加熱，加入原型香料拌炒約1分鐘至散發出香氣為止。
2. 加入洋蔥拌炒至呈金黃焦糖色，再加入蒜泥和薑泥拌炒約2～3分鐘至整體熟透為止。
3. 加入香料粉和鹽待散發出香氣後加入優格。邊磨壓翻拌讓整體融合邊收乾水分，以中火加熱至整體充分融合。
4. 以中火加熱平底鍋，放入絞肉拌炒至流出透明肉汁並呈鬆散顆粒狀為止。再加入菇類大略拌炒。
5. 將 **4** 加入 **3** 的鍋中，再倒入椰奶、檸檬汁與水，以大火煮至沸騰後轉小火，燉煮至菇類都軟化為止。

---

159 — 茄子充分吸收番茄鮮味，多汁美味的一道
茄子番茄咖哩

材料（2人份）

油…1大匙、1/2小匙
孜然籽…1/2小匙
洋蔥（切碎末）…1小個
蒜頭（切碎末）…1瓣
薑（切碎末）…1/2片
●香料粉
　胡荽粉…1/2大匙
　辣椒粉…1/2小匙
　薑黃粉…1/2小匙

綠辣椒（切碎末）…3根
鹽…1小匙
雞腿肉…100g

A｛
冷凍炸茄子…200g（用新鮮茄子就要先切成一口大小再清炸過）
番茄（切成1cm塊狀）…1/2個（100g，也可以用整顆番茄罐頭代替）
檸檬汁…1/2大匙
水…80ml
｝

作法

1. 在鍋中放入1大匙油以中火加熱，加入孜然籽炒至散發出香氣，再加入洋蔥拌炒至呈金黃焦糖色為止。接著加入蒜末和薑末繼續拌炒2～3分鐘至收乾水分。
2. 加入香料粉、綠辣椒和鹽磨壓翻拌，同時以中火拌炒至整體融合。
3. 在平底鍋中放入1/2小匙油以中火加熱，將雞肉皮面朝下放入鍋中，煎5～10分鐘至雞皮變得脆硬且雞肉熟透。翻面後再煎約1分鐘後將雞肉取出，切成1.5cm塊狀。
4. 在 **2** 的鍋中加入雞肉和 **A**，以中火燉煮約10分鐘。

160　蔥薑雞肉咖哩

燉煮至軟爛的蔥和咖哩非常搭

材料（2人份）

油…4小匙
葫蘆巴籽…5g
孜然籽…1/2小匙
芥末籽…1g

A
　長蔥（斜切片狀）…1/2根
　薑（磨泥）…2片
　蒜頭（磨泥）…1/2瓣
　綠辣椒（連同籽切成細圓片）…1根

● 香料粉
　肉桂粉…1/4小匙
　葛拉姆馬薩拉綜合香料…1/2小匙
　薑黃粉…1/2小匙
　辣椒粉…1/2小匙
　白胡椒粉…1小匙
　胡荽粉…1小匙

水…100ml
雞腿肉（切成一口大小）…140g
椰奶…100ml
鹽…1/2小匙

作法

1. 在鍋中放入油以中火加熱，加入葫蘆巴籽拌炒至變成接近黑色的深褐色且散發出甜甜的香氣為止。再加入孜然籽和芥末籽拌炒至油冒出細小氣泡。
2. 將**A**、香料粉與50ml的水加入鍋中，以中火拌炒約10分鐘使整體混合。如果火力太強香料會燒焦，請多加留意。
3. 炒至蔥呈現半熟狀態時加入雞肉、椰奶、50ml的水與鹽並以中火燉煮。沸騰後再轉小火燉煮約10分鐘。

161　花蛤高麗菜咖哩

感受滿滿高麗菜的鮮甜！想在春天吃的一道

材料（2人份）

油…1又1/2小匙、1大匙
● 原型香料
　孜然籽…1/2小匙
　茴香籽…1/2小匙
　芥末籽…1/2小匙
蒜頭（磨泥）…1瓣
薑（磨泥）…1/2片
● 香料粉
　胡荽粉…1又1/2小匙
　薑黃粉…1/2小匙
　辣椒粉…1/2小匙
　甜椒粉…1/2小匙

水…50ml
白酒…40ml
鮮奶油…40ml
高麗菜（切粗末並撒鹽搓揉一下）…120g
洋蔥（切粗末）…1/4個
鹽…1小匙
奶油…10g
冷凍花蛤肉…80g

作法

1. 在鍋中放入1又1/2小匙的油以中火加熱，加入原型香料拌炒至散發出香氣為止。
2. 加入蒜泥和薑泥拌炒約2～3分鐘收乾水分，關火後加入香料粉，將整體攪拌融合。整體質地產生黏稠度後倒入水和白酒。再開大火稍微煮滾後倒入鮮奶油，輕輕混合攪拌後關火。
3. 在平底鍋中放入1大匙油以大火加熱，加入高麗菜、洋蔥與鹽拌炒至高麗菜軟化為止。再加入奶油和花蛤肉拌炒至花蛤解凍為止。
4. 將**3**放入**2**的鍋中以小火燉煮約15分鐘。

香料咖哩

162　一鍋到底番茄蔬菜湯風咖哩

溫和蔬菜湯中的胡椒粒為味道的亮點

材料（2人份）

橄欖油…2大匙
蒜頭（壓碎）…1瓣
胡椒粒…略少於1小匙
● 香料粉
　薑黃粉…1/4小匙
　甜椒粉…1/2小匙
　胡荽粉…1/2小匙
鹽…1/2小匙
南瓜（切成2cm塊狀）…1/4個
西洋芹（切粗末）…1/2根
紅蘿蔔（切成略小的一口大小）…1/3根
櫛瓜（切成一口大小）…1根
鮪魚罐頭…1罐
番茄汁（無鹽）…1瓶（250ml）
起司粉…30g

作法

1　將所有食材放入鍋中以大火煮至沸騰，蓋上鍋蓋轉中小火燉煮約25分鐘。為了避免燒焦，要蓋著鍋蓋不時晃動鍋內食材。

製作祕訣

全部放進鍋中燉煮即可！

一鍋到底咖哩就是將材料依序放入鍋內燉煮就能做出美味咖哩、非常簡單的方法。重點是為了避免燒焦，要不時晃動鍋子。另外也有其他作法，像是在燉煮前將食材拌炒過等，只要稍微多加一個步驟再以「一鍋到底」的方式製作，就能使咖哩的味道更加豐富。

163 — 用鯖魚罐頭簡單做出鮮味滿滿的咖哩
一鍋到底鯖魚咖哩

材料（2人份）

油⋯1大匙
胡椒粒⋯略少於1小匙
水煮鯖魚罐頭⋯1罐（200g）
蔥（切成寬3cm段）⋯2根
蒜頭（磨泥）⋯1瓣
薑（磨泥）⋯1片

●香料粉
　薑黃粉⋯1/4小匙
　甜椒粉⋯1/2小匙
　胡荽粉⋯2小匙
白蘿蔔（切成2cm塊狀）⋯100g
味噌⋯略多於1大匙
水⋯300ml

作法

1. 將所有食材放入鍋中以大火煮至沸騰，蓋上鍋蓋轉小火燉煮約10分鐘。為了避免燒焦，要蓋著鍋蓋不時晃動鍋內食材。

164 — 清爽的基底中散發出強烈的香料辣味
一鍋到底燉煮牛肉咖哩

材料（2人份）

橄欖油⋯2大匙
蒜頭（切碎末）⋯1瓣
西洋芹（切薄片）⋯1/4根
牛肉（肩里肌肉，切成較小的一口大小）⋯300g
紅酒⋯100ml
洋蔥（切薄片）⋯1/2個
馬鈴薯（切成2cm塊狀）⋯1個
●香料粉
　薑黃粉⋯1/4小匙
　辣椒粉⋯1/2小匙
　甜椒粉⋯1/2小匙
　葛拉姆馬薩拉綜合香料⋯2小匙
鹽⋯1/2小匙
中濃醬⋯略多於1大匙
鴻禧菇⋯1包
水⋯500ml

作法

1. 在鍋中放入橄欖油以中火加熱，加入蒜末和西洋芹大略拌炒。再加入牛肉拌炒至整體表面上色為止。
2. 將剩下的所有材料都加入鍋中煮沸，蓋上鍋蓋轉小火燉煮約45分鐘。為了避免燒焦，要蓋著鍋蓋不時晃動鍋內食材。
3. 打開鍋蓋，燉煮至變得濃稠即可。

165 ── 馬鈴薯和南瓜吸收了恰到好處的湯汁，滋味療癒
一鍋到底馬鈴薯燉肉咖哩

材料（2人份）

油…1大匙
牛肉片…150g
馬鈴薯（切成一口大小）…1個
南瓜（切成一口大小）…1/8個
洋蔥（切薄片）…1/2個
沾麵醬（2倍濃縮）…2大匙
孜然籽…1/2小匙
●香料粉
　薑黃粉…1/4小匙
　甜椒粉…1/2小匙
　胡荽粉…2小匙
水…200ml

作法

1　在鍋中放入油加熱，加入牛肉以中火拌炒至熟透為止。
2　將剩下的材料全部放入鍋中並蓋上鍋蓋，轉小火燉煮約20分鐘。

166 ── 乍看之下有點意外的孜然與關東煮是絕配！
一鍋到底關東煮咖哩

材料（2人份）

油…2大匙
洋蔥（切月牙狀）…1個
孜然籽…1/2小匙
蒜頭（磨泥）…1瓣
薑（磨泥）…1片
●香料粉
　薑黃粉…1/4小匙
　甜椒粉…1/2小匙
　胡荽粉…2小匙
關東煮（連同高湯）…1包

作法

1　在鍋中放入油加熱，加入洋蔥和200ml的水（分量外），蓋上鍋蓋以小火燉煮約20分鐘。
2　打開鍋蓋收乾水分後，加入孜然籽、蒜泥與薑泥大略拌炒。
3　加入香料粉和關東煮煮至沸騰，蓋上鍋蓋再燉煮約20分鐘。打開鍋蓋後再煮約5分鐘即可。

167 — 顏色鮮亮的黃咖哩充滿奶香，和雞肉超搭
一鍋到底燉煮奶醬雞肉咖哩

材料（2人份）

油…1大匙
雞腿肉（切成一口大小）…300g
孜然籽…1/2小匙
蒜頭（切碎末）…1瓣
馬鈴薯（切成一口大小）…1個
水…200ml
味噌…1大匙
●香料粉
　薑黃粉…1/4小匙
　甜椒粉…1/2小匙
　胡荽粉…2小匙
鮮奶油…100ml

作法

1　在鍋中放入油加熱，將雞肉皮面朝下放入鍋中以大火煎至整體充分上色為止。
2　加入鮮奶油之外的所有材料，煮至沸騰後蓋上鍋蓋，轉小火燉煮約20分鐘。
3　打開鍋蓋倒入鮮奶油，再稍微煮一下即可。

---

168 — 結合昆布高湯鮮味和咖哩風味優點的一道
一鍋到底魚丸與根莖菜咖哩

材料（2人份）

油…2大匙
洋蔥（切薄片）…1/2個
●原型香料
　孜然籽…1/2小匙
　胡椒粒…略多於1小匙
魚肉丸子…1盒
牛蒡（拍散開）…50g
昆布（10cm×20cm）…1片
梅乾（取下梅肉碾碎）
…2個份
鹽…1/2小匙

●香料粉
　薑黃粉…1/4小匙
　辣椒粉…1小匙
　胡荽粉…2小匙
日本酒…3大匙
水…300ml

作法

1　在鍋中放入油加熱，加入洋蔥以中火拌炒至呈金黃焦糖色。
2　將所有剩下的材料放進鍋中轉大火煮至沸騰，蓋上鍋蓋再轉小火煮約10分鐘。

169 —— 滋味醇厚的花蛤湯汁是美味的關鍵！
一鍋到底豆腐泡菜咖哩

材料（2人份）

油…1大匙
牛肉（邊角碎肉）…200g
蒜頭（切碎末）…1瓣
薑（切碎末）…1片
豆腐（切成2cm塊狀）
…1盒（300g）
花蛤（吐過砂）…120g
香菇（切薄片）
…2朵（20g）
白菜泡菜…50g（有的話推薦使用韭菜泡菜）
酒…略多於3大匙
醬油…2小匙

●香料粉
　薑黃粉…1/4小匙
　辣椒粉…1小匙
　胡荽粉…2小匙
水…200ml

作法

1. 在鍋中放入油加熱，加入牛肉以中火拌炒至整體熟透為止。
2. 將剩下的材料全部加入鍋中轉大火煮至沸騰，蓋上鍋蓋再轉小火燉煮約10分鐘。

170 —— 海鮮類釋放出鮮甜滋味的香料咖哩
一鍋到底馬賽魚湯風咖哩

材料（2人份）

橄欖油…2大匙
蒜頭（壓碎）…2瓣
紅辣椒（剝開後去籽）…2根
魚雜（去除魚肉的魚頭或魚骨等部位）…150g
花蛤（吐過砂）…15粒
白酒…100ml

●香料粉
　薑黃粉…1/4小匙
　甜椒粉…1/2小匙
　胡荽粉…2小匙
　鹽…1/2小匙
蕪菁（切成4等分）…1個
整顆番茄罐頭…1/2罐
水…100ml

作法

1. 在鍋中放入橄欖油、蒜頭和紅辣椒以中火加熱，拌炒至表面變焦為止。
2. 加入魚雜和花蛤大略拌炒，倒入白酒煮至沸騰讓酒精蒸散。
3. 將剩下的材料全部加入鍋中，接著蓋上鍋蓋以中火燉煮約10分鐘。

171 ── 最後加入的蔬菜末散發出濃厚香氣
雞肉蔬菜末咖哩

材料（2人份）

油⋯2大匙
●原型香料
　孜然籽⋯1/2小匙
　肉桂棒⋯1/4根
獅子唐青椒（切碎末）⋯2根
洋蔥（切薄片）⋯中型1/2個
鹽⋯2/3小匙
蒜頭（磨泥）⋯2瓣
薑（磨泥）⋯1/2片
優格⋯1大匙
番茄糊⋯1大匙
●香料粉
　辣椒粉⋯1/2小匙
　胡荽粉⋯2小匙
　孜然粉⋯1/3小匙
雞腿肉（切成方便食用的大小）⋯150g
菠菜（快速汆燙後切碎）
⋯100g（3～4株）
小松菜（快速汆燙後切碎）
⋯100g（2～3株）
葫蘆巴葉（用手搓碎）⋯2小匙
砂糖⋯1大匙
水⋯150ml
鮮奶油⋯50ml

作法

1. 在平底鍋中放入油以中火加熱，加入原型香料拌炒至散發出香氣為止。
2. 加入獅子唐青椒大略拌炒，再加入洋蔥和鹽拌炒至呈微焦淺褐色（P.17）。
3. 加入蒜泥和薑泥炒約1分鐘至生澀氣味消失，再加入優格和番茄糊混合拌炒至收乾水分。
4. 轉小火後加入香料粉，充分混合拌炒。
5. 加入雞肉以中火拌炒至表面變白為止，再加入菠菜、小松菜、葫蘆巴葉、砂糖與水。煮至沸騰後轉小火再燉煮約15分鐘至水分減少。
6. 倒入鮮奶油再稍微煮一下即可。

172 — 充滿鰹魚高湯香氣的日式調味非常下飯！

雞腿長蔥鰹魚高湯咖哩

材料（2人份）

油…2大匙
洋蔥…1/2小個
鹽…2/3小匙
蒜頭（磨泥）…1瓣
薑（磨泥）…2/3片
番茄泥…1又1/2大匙
●香料粉
　辣椒粉…1/3小匙
　薑黃粉…1/3小匙

胡荽粉…2小匙
孜然粉…1小匙
葛拉姆馬薩拉綜合香料…1/3小匙
●鰹魚高湯
　鰹魚高湯粉…2小匙
　熱水…200ml
雞腿肉（切成方便食用的大小）…160g
長蔥（蔥白，斜切成長4cm段）…1根份

作法

1. 在平底鍋中放入油以中火加熱，加入洋蔥和鹽拌炒至呈焦化深褐色（參考P.17）為止。
2. 加入蒜泥和薑泥炒約1分鐘至生澀氣味消失後，加入番茄泥混合拌炒。
3. 轉小火加入香料粉，充分混合拌炒。
4. 倒入鰹魚高湯煮至沸騰，再以小火煮約5分鐘。
5. 另取一個平底鍋放入少量的油（分量外）加熱，加入雞肉以中火拌炒至表面變白為止。再加入長蔥繼續拌炒至表面呈現焦色。
6. 把5加進4中混合以小火燉煮約5分鐘。

香料咖哩

173 — 以濃湯般的濃郁醬汁做出高雅滋味

雞翅腿花椰菜醬汁咖哩

材料（2人份）

油…2大匙
●原型香料
　肉桂棒…1/4根
　八角…1/2個
　紅辣椒…1根
　孜然籽…1小匙
　胡荽籽…1小匙
　胡椒粒…1/2小匙
　茴香籽…1/2小匙
雞翅腿（沿骨頭劃入切口）…6根
綠辣椒（切小塊）…1根
蒜頭（磨泥）…1瓣
薑（磨泥）…1/2片
●香料粉
　胡荽粉…2小匙
　白胡椒粉…1/8小匙

水…150ml
椰奶…150ml
●花椰菜醬汁
　奶油…20g
　洋蔥（切碎末）…1/2小個
　花椰菜（切大塊）…4～5株
　（也可用冷凍花椰菜）
　白蘑菇（切成4等分）…4～5朵
　鹽…1/2小匙
　水…200ml
　雞高湯顆粒…1小匙

作法

1. 在鍋中放入油以中火加熱，加入原型香料拌炒至散發出香氣。
2. 加入雞翅腿、綠辣椒、蒜泥與薑泥，以小火拌炒至肉的表面變白為止，留意不要燒焦。
3. 加入香料粉充分混合攪拌。
4. 倒入水和椰奶煮至沸騰，再以小火燉煮約30分鐘。
5. 在燉煮4的時候製作花椰菜醬汁。另取一鍋放入奶油以小火加熱，加入洋蔥拌炒至變透明為止。加入花椰菜和蘑菇大略拌炒，再加入鹽、水與雞高湯顆粒。蓋上鍋蓋以小火燉煮約10分鐘至花椰菜變軟為止。稍微放涼後全部放入攪拌機中攪打成柔滑的醬汁。
6. 將花椰菜醬汁加進4中，在不煮沸的狀態下以小火燉煮約5分鐘。

174 — 青椒爽脆的口感是其魅力！就算不吃辣也很推薦
雞腿爽脆青椒咖哩

材料（2人份）

油…2大匙
蒜頭（切碎末）…1又1/2瓣
薑（切碎末）…1/2片
洋蔥（切薄片）…1小個
鹽…2/3小匙
番茄泥…2大匙
咖哩粉…1大匙

●雞高湯
　調味用雞高湯顆粒…1小匙
　熱水…200ml
雞腿肉（切成方便食用的大小）
…200g
青椒（切滾刀塊）…1個

作法

1. 在平底鍋中放入油以中火加熱，加入蒜末和薑末大略拌炒，再加入洋蔥和鹽繼續拌炒至洋蔥呈焦化深褐色（參考P.17）為止。
2. 加入番茄泥拌炒至收乾水分。
3. 轉小火加入咖哩粉並充分混合拌炒。
4. 倒入雞高湯煮至沸騰，再以小火煮約5分鐘。
5. 另取一個平底鍋放入少許油（分量外）加熱，將雞肉皮面朝下放入鍋中，以中火煎至表面出現焦色且內部熟透為止。
6. 將5加入4中混合，以小火煮約5分鐘，加入青椒後再稍微煮一下即可。

175 — 完成時加入香菜，增添清脆口感與清爽香氣
雞翅腿蒜苗優格椰奶咖哩

材料（2人份）

油…2大匙
洋蔥（切薄片）…中型1/2個
鹽…2/3小匙
蒜頭（磨泥）…2瓣
薑（磨泥）…1/2片
●香料粉
　辣椒粉…1/2小匙
　薑黃粉…1/2小匙
　胡荽粉…2小匙
　孜然粉…1/2小匙
　葛拉姆馬薩拉綜合香料…1/2小匙

雞翅（從關節處前切開）…6根
蒜苗（切成長3cm段）…80g
水…60ml
椰奶…80ml
優格…80g
香菜（切碎末）…30g

作法

1. 在平底鍋中放入油以中火加熱，加入洋蔥和鹽拌炒至呈微焦淺褐色（參考P.17）為止。
2. 加入蒜泥和薑泥拌炒約1分鐘至生澀氣味消失為止。
3. 轉小火加入香料粉充分混合拌炒。
4. 另取一個平底鍋放入少量的油（分量外）以中火加熱，加入雞翅拌炒。熟透後加入蒜苗大略拌炒。
5. 將4加入3中混合，倒入水煮至稍微沸騰後轉小火，加入椰奶、優格和香菜，在不煮沸的狀態下一邊攪拌一邊燉煮約6分鐘。

176 — 清爽絞肉中的三角軟骨口感是料理的亮點！
雞絞肉與三角軟骨椰奶咖哩

材料（2人份）

油…2大匙
洋蔥（切薄片）…中型1/2個
鹽…2/3小匙
蒜頭（磨泥）…1又1/2瓣
薑（磨泥）…1/2片
咖哩粉…1大匙
三角軟骨…100g

雞絞肉…150g
水…100ml
椰奶…100ml
長蔥（蔥綠部分，切碎末）
…1根份（20g）

作法

1. 在平底鍋中放入油以中火加熱，加入洋蔥和鹽拌炒至呈微焦淺褐色（參考P.17）為止。
2. 加入蒜泥和薑泥拌炒約1分鐘至生澀氣味消失為止。
3. 轉小火加入咖哩粉充分混合拌炒。
4. 另取一個平底鍋放入少量油（分量外），加入軟骨以中火炒熟後再加入絞肉繼續拌炒至熟透為止。
5. 將4加入3中混合，倒入水煮至沸騰。倒入椰奶轉小火燉煮約6分鐘，加入長蔥後大略攪拌一下即完成。

香料咖哩

177 — 黑醋的酸味和濃郁滋味和茄子充分融合的中華風咖哩
黑醋拌炒茄子豬絞肉咖哩

材料（2人份）

油…3大匙
獅子唐青椒（切碎末）…1根
洋蔥（切粗末）…中型1/2個
鹽…2/3小匙
番茄泥…2大匙
● 香料粉
　辣椒粉…1/2小匙
　薑黃粉…1/4小匙
　孜然粉…1小匙
　胡荽粉…1又1/2小匙
　葛拉姆馬薩拉綜合香料…1/2小匙

蒜頭（切碎末）…1瓣
薑（切碎末）…1又1/2片
豬絞肉…150g
茄子（切滾刀塊）…中型1根
黑醋…40ml
水…150ml
韭菜（切成5cm段）…3根

作法

1. 在平底鍋中放入1大匙油以中火加熱，加入獅子唐青椒大略拌炒。再加入洋蔥和鹽拌炒至呈焦化深褐色（參考P.17）為止。
2. 加入番茄泥混合拌炒約1分鐘，轉小火加入香料粉充分混合拌炒。
3. 另取一個平底鍋放入2大匙油以中火加熱，加入蒜末和薑末大略拌炒。再加入絞肉拌炒至熟透後加入茄子，拌炒至茄子變軟出水為止。倒入黑醋再繼續拌炒混合約1分鐘。
4. 把3加入2中混合後倒入水煮至沸騰，再加入韭菜以小火燉煮約3分鐘。

178 ── 濃郁豆漿基底的青花菜有讓人無法忽視的存在感
雞絞肉青花菜豆漿咖哩

材料（2人份）

油⋯2大匙
●原型香料
　香芹籽⋯1/3小匙
　粗磨糊椒粒⋯1/4小匙
洋蔥（切薄片）⋯中型1/2個
鹽⋯2/3小匙
蒜頭（磨泥）⋯2瓣
薑（磨泥）⋯1/2片
番茄泥⋯1又1/2大匙
●香料粉
　辣椒粉⋯1/2小匙
　薑黃粉⋯1/2小匙
　胡荽粉⋯2小匙
　孜然粉⋯1/2小匙
　葛拉姆馬薩拉綜合香料⋯1/4小匙
雞絞肉⋯150g
青花菜（分成小株）⋯120g
水⋯100ml
豆漿（調製豆乳）⋯100ml

作法

1. 在平底鍋中放入油以中火加熱，加入原型香料後拌炒至散發出香氣。再加入洋蔥和鹽拌炒至呈微焦淺褐色（參考P.17）為止。
2. 加入蒜泥與薑泥拌炒約1分鐘至生澀氣味消失，再加入番茄泥混合拌炒至收乾水分為止。
3. 轉小火加入香料粉充分混合拌炒。
4. 另取一個平底鍋放入少許油（分量外）以中火加熱，加入絞肉拌炒。炒熟後加入青花菜大略拌炒。
5. 把4加入3中混合攪拌，倒入水煮至沸騰。轉小火倒入豆漿，在不煮沸的狀態下邊攪拌邊燉煮約5分鐘。

179 ── 充滿羅勒清爽香氣的南洋風咖哩
雞絞肉泰式打拋風咖哩

材料（2人份）

油⋯4大匙
●原型香料
　紅辣椒（切圓片）⋯1/2小匙
　孜然籽⋯1/2小匙
蒜頭（切碎末）⋯2瓣
薑（切碎末）⋯1/2片
雞絞肉⋯120g
洋蔥（切碎末）⋯1/3大個
●調味料
　魚露⋯1小匙
　蠔油⋯1小匙
　砂糖⋯1/2小匙
咖哩粉⋯2小匙
甜椒（切成方便食用的大小）⋯1/2個
羅勒（帶葉片的莖部，用手撕碎）⋯12片
檸檬汁⋯1小匙
雞蛋⋯2個

作法

1. 在平底鍋中放入2大匙油以中火加熱，加入原型香料拌炒至散發出香氣。
2. 加入蒜末與薑末拌炒約1分鐘，再加入絞肉拌炒至肉的表面上色為止。
3. 加入洋蔥拌炒至變透明後加入調味料，再繼續拌炒約1分鐘。
4. 關火加入咖哩粉，邊攪拌邊用餘熱拌炒約1分鐘。
5. 加入甜椒以中火拌炒至變軟為止。再加入羅勒混合拌炒，擠上檸檬汁後盛盤。
6. 另取一個平底鍋放入2大匙油以小火加熱，煎好荷包蛋後放到咖哩上。

180 — 鬆軟的雞蛋滿足了視覺和味蕾
雞胸肉與碎水煮蛋咖哩

材料（2人份）

- 雞蛋…2個
- 油…2大匙
- ●原型香料
  - 芥末籽…1/4小匙
  - 茴香籽…1/4小匙
  - 孜然籽…1/4小匙
  - 黑種草籽…1/8小匙
  - 葫蘆巴籽…1/8小匙
- 洋蔥（切薄片）…中型1/2個
- 鹽…1/2小匙
- 蒜頭（磨泥）…1瓣
- 薑（磨泥）…1/2片
- 番茄泥…1大匙
- 優格…1大匙
- 咖哩粉…1大匙
- ●雞高湯
  - 調味用雞高湯顆粒…1小匙
  - 熱水…150ml
- 沙拉用雞胸肉（市售品，用手撕碎）…約200g
- 椰奶…100ml

作法

1. 在鍋中放入大量熱水（分量外）煮沸後慢慢放入雞蛋，水煮10分鐘做出質地較硬的水煮蛋。剝殼後放入塑膠袋中用手壓碎備用。
2. 在平底鍋中放入油以中火加熱，加入原型香料拌炒至散發出香氣。
3. 加入洋蔥和鹽拌炒至呈微焦淺褐色（參考P.17）為止。
4. 加入蒜泥與薑泥拌炒約1分鐘至生澀氣味消失，再加入番茄泥和優格繼續拌炒約3分鐘。
5. 轉小火加入咖哩粉充分混合攪拌。
6. 加入雞高湯、沙拉用雞胸肉與 **1** 稍微煮至沸騰。倒入椰奶，以小火在不煮沸的狀態下邊攪拌邊燉煮約5分鐘。

181 — 充分運用海苔風味的成熟和風咖哩
雞肉丸子海苔佃煮咖哩

材料（2人份）

- ●雞肉丸子
  - 雞絞肉…200g
  - 葛拉姆馬薩拉綜合香料…1/4小匙
  - 鹽…少許
  - 薑（切碎末）…1片
  - 長蔥（切碎末）…1/5根（20g）
  - 韭菜（切碎末）…2根
- 油…2大匙
- 獅子唐青椒（切碎末）…1根
- 蒜頭（切碎末）…1瓣
- 洋蔥（橫切對半後再切成寬5mm）…中型1/2個
- 鹽…1/2小匙
- 番茄泥…1又1/2大匙
- ●香料粉
  - 辣椒粉…1/2小匙
  - 薑黃粉…1/4小匙
  - 胡荽粉…1又1/2小匙
  - 孜然粉…1小匙
  - 胡椒粉…1/4小匙
  - 葛拉姆馬薩拉綜合香料…1/4小匙
- ●鰹魚高湯
  - 鰹魚高湯粉…1小匙
  - 熱水…250ml
- 海苔佃煮…80g
- 芝麻油…2小匙

作法

1. 把雞肉丸子的材料全部放進調理盆中，充分揉捏至產生黏度後分成10等分。
2. 在平底鍋中放入油以中火加熱，加入獅子唐青椒和蒜末大略拌炒，再加入洋蔥和鹽拌炒約15分鐘，至呈微焦淺褐色（參考P.17）為止。如果快炒焦的話可倒入少許水調整（分量外）。
3. 加入番茄泥拌炒1分鐘至收乾水分。
4. 轉小火加入香料粉充分混合攪拌。
5. 倒入鰹魚高湯以大火煮至沸騰，再加入 **1** 轉小火燉煮約10分鐘。
6. 加入海苔佃煮充分攪拌，倒入芝麻油再燉煮約1分鐘即可。

182 — 雞胸肉甜椒堅果奶醬咖哩

花生的甜味和奶油的濃醇擴散開來，滋味濃郁的一道

材料（2人份）

奶油⋯30g
●原型香料
　肉桂棒⋯1/3根
　丁香⋯3粒
　小豆蔻⋯2粒
蒜頭（磨泥）⋯2瓣
薑（磨泥）⋯1/2片
綠辣椒（切碎末）⋯1/2根

A
　咖哩粉⋯1大匙
　番茄泥⋯略少於5大匙
　優格⋯2大匙
　鹽⋯2/3小匙
　花生奶油抹醬⋯2小匙※
　杏桃果醬⋯1大匙

雞胸肉（斜切成較大的薄片）⋯200g
牛奶⋯200ml
甜椒（滾刀切成小塊）⋯1/3個
鮮奶油⋯30ml
葫蘆巴葉（乾炒後用手捏至細碎）⋯1小匙

※花生奶油抹醬也可以用純花生醬1小匙代替。請使用無顆粒的產品。

作法

1. 在平底鍋中放入奶油以小火加熱，加入原型香料炒至散發香氣後，再加入蒜泥、薑泥和綠辣椒拌炒約1分鐘，直到生澀氣味消失為止。
2. 加入**A**充分攪拌均勻。
3. 加入雞肉拌炒至表面上色，倒入牛奶煮至稍微沸騰以小火再燉煮約10分鐘。
4. 加入甜椒和鮮奶油再煮約2分鐘，最後加入葫蘆巴葉充分混合拌勻。

香料咖哩

183 — 梅酒漬豬里肌咖哩

奢侈地使用充滿梅酒香氣的豬里肌肉塊

材料（2人份）

豬里肌肉（整塊，切成3cm塊狀）⋯300g
- 醃料
  - 梅酒⋯200ml
  - 鹽⋯少許
  - 胡椒粒⋯4粒
  - 肉桂棒⋯1/4根
  - 丁香⋯3粒
  - 肉豆蔻皮粉⋯1/2小匙
  - 胡荽籽⋯1/3小匙
  - 紅辣椒（切成一半）⋯1根

油⋯2大匙
洋蔥（橫切對半後再切成薄片）⋯1/2大個
蒜頭（磨泥）⋯1瓣
薑（磨泥）⋯1/2片
番茄泥⋯2大匙
- 香料粉
  - 辣椒粉⋯1/2小匙
  - 薑黃粉⋯1/3小匙
  - 胡荽粉⋯1小匙
  - 葛拉姆馬薩拉綜合香料⋯1/4小匙

水⋯100ml

事前準備

把豬肉和醃料的材料全部放入保鮮袋中，放進冰箱冷藏醃漬約一個晚上。開始料理前先將豬肉和醃料的汁液分開。

作法

1. 在平底鍋中放入油以中火加熱，加入洋蔥拌炒至呈焦化深褐色（參考P.17）為止。
2. 加入蒜泥和薑泥拌炒約1分鐘至生澀氣味消失，再加入番茄泥混合拌炒至收乾水分。
3. 轉小火加入香料粉充分混合拌炒。
4. 另取一個平底鍋放入油（分量外）加熱，加入豬肉以中火煎至表面上色，倒入醃料的汁液後煮至沸騰，再倒入水。
5. 把 **4** 加入 **3** 中煮沸後以小火燉煮約25分鐘。如果很在意酒精氣味的話可以再調整加熱時間。

184 — 能享受豬肉＆油豆腐分量感與口感對比的一道
豬背里肌與油豆腐椰奶咖哩

材料（2人份）

油…2大匙
薑（切碎末）…1片
獅子唐青椒（切圓片）…1根
洋蔥（切碎末）…中型1/2個
鹽…2/3小匙
番茄泥…1大匙
咖哩粉…1大匙
豬背里肌（整塊，切成2cm塊狀）…120g

水…100ml
椰奶…150ml
油豆腐（切成2cm塊狀）…120g

作法

1. 在平底鍋中放入油以中火加熱，加入薑末和獅子唐青椒大略拌炒，再加入洋蔥和鹽拌炒至呈微焦淺褐色（參考P.17）為止。
2. 加入番茄泥拌炒混合。
3. 轉小火加入咖哩粉充分混合拌炒。
4. 加入豬肉拌炒至表面變白為止。
5. 倒入水煮至沸騰後加入椰奶與油豆腐並轉為小火，在不煮沸的狀態下燉煮約6分鐘。

---

185 — 蓮藕清脆的口感與刺激的辣味讓人上癮
碎豬肉蓮藕優格醬咖哩

材料（2人份）

油…2大匙
獅子唐青椒（切碎末）…2根
洋蔥（切薄片）…中型1/2個
鹽…2/3小匙
蒜頭（磨泥）…1又1/2瓣
薑（磨泥）…1/2片
番茄泥…1大匙
●原型香料
　辣椒粉…1/2小匙
　薑黃粉…1/2小匙
　胡荽粉…2小匙
　孜然粉…1小匙
　葛拉姆馬薩拉綜合香料…1/4小匙

芝麻油…2小匙
蓮藕（切成寬5mm薄片）…80g
豬肉（邊角碎肉）…180g
醬油…1小匙
味醂…2小匙
●雞高湯
　調味用雞高湯顆粒…1小匙
　熱水…150ml
優格…100g
長蔥（蔥綠的部分，切碎末）…20g

作法

1. 在平底鍋中放入油以中火加熱，加入獅子唐青椒大略拌炒，再加入洋蔥和鹽拌炒至呈微焦淺褐色（參考P.17）為止。
2. 加入蒜泥和薑泥拌炒約1分鐘至生澀氣味消失，再加入番茄泥混合拌炒至收乾水分。
3. 轉小火加入香料粉充分混合拌炒。
4. 另取一個平底鍋放入芝麻油以中火加熱，加入蓮藕拌炒至表面呈現焦色。接著加入豬肉拌炒至熟透後倒入醬油和味醂，繼續拌炒至產生光澤感為止。
5. 把4加進3中混合，倒入雞高湯後煮至沸騰，加入優格充分混合攪拌，在不煮沸的狀態下以小火邊攪拌邊燉煮約5分鐘。加入長蔥後大略混拌即可。

186 — 茼蒿的苦味、軟骨的鮮味與花椒的麻辣之間的平衡讓人愛不釋口

豬五花軟骨茼蒿花椒咖哩

材料（2人份）

油…2大匙
●原型香料
　花椒…1小匙
　八角…1個
蒜頭（切碎末）…1瓣
薑（切碎末）…1/2片
豬五花軟骨…250g
洋蔥（切成較大的月牙狀）…中型1/2個（縱切成約3等分即可）
鹽…1/2小匙

●香料粉
　薑黃粉…1/4小匙
　辣椒粉…1/3小匙
　胡荽粉…1小匙
　孜然粉…1/2小匙
　胡椒粉…1/4小匙
　花椒粉…1/2小匙
●雞高湯
　調味用雞高湯顆粒…1小匙
　熱水…400ml
茼蒿（切成長4cm段）…4株（80g）
辣油…1小匙

作法

1. 在平底鍋中放入油以中火加熱，加入原型香料拌炒至散發香氣為止。加入蒜末和薑末大略拌炒，再加入豬五花軟骨拌炒至表面呈現焦色為止。
2. 加入洋蔥和鹽拌炒至洋蔥變得柔軟為止。轉小火加入香料粉充分拌炒混合。
3. 倒入雞高湯煮至沸騰，再以小火燉煮約30分鐘。
4. 加入茼蒿後燉煮至變軟為止。盛盤後繞圈淋上辣油。

187 — 用味噌醬醃漬，凝縮豬里肌肉的鮮味

味噌漬豬肩里肌咖哩

材料（2人份）

豬肉（肩里肌或炸豬排用等較厚的肉）…2片（200g）
●白味噌醃漬醬
　味醂…1大匙
　白味噌…1又1/2大匙
　鹽麴…1小匙
　咖哩粉…1小匙
油…2大匙
●原型香料
　孜然籽…1/3小匙
　胡荽籽…1/3小匙

蒜頭（切碎末）…1瓣
薑（切碎末）…1/2片
洋蔥（切碎末）…中型1/2個
番茄泥…1大匙
優格…1大匙
咖哩粉…2小匙
水…200ml

作法

1. 在豬肉表面用叉子輕輕戳洞，和白味噌醃漬醬的所有材料一起放進保鮮袋中，放進冰箱冷藏醃漬2小時以上。
2. 在平底鍋中放入油以中火加熱，加入原型香料拌炒至散發出香氣。接著加入蒜末和薑末快速炒過，再加入洋蔥拌炒至呈微焦淺褐色（參考P.17）為止。
3. 加入番茄泥和優格拌炒約3分鐘至收乾水分為止。
4. 轉小火加入咖哩粉充分混合拌炒。
5. 在另一個平底鍋中放入少許油（分量外）加熱，把**1**連同醃漬醬一起加入鍋中，在不煮沸的狀態下以小火慢慢煎過。煎至熟透後稍微放涼，切成方便食用的大小。
6. 把**5**加入**4**中混合，接著倒入水煮至沸騰後以小火燉煮約2分鐘。

188 — 能享受白菜口感的苦椒醬基底韓風咖哩
豬五花白菜苦椒醬咖哩

材料（2人份）

油…2大匙
洋蔥（切薄片）…中型1個
鹽…1/2小匙
蒜頭（磨泥）…2瓣
薑（磨泥）…1/2片
番茄泥…1大匙
咖哩粉…1大匙
水…200ml
芝麻油…1小匙
豬肉（厚切五花肉，切成方便食用的大小）…160g
白菜（切大塊）…較大的葉片1片（80g）
苦椒醬…1/2大匙

作法

1. 在平底鍋中放入油以中火加熱，加入洋蔥和鹽拌炒至呈焦化深褐色（參考P.17）為止。
2. 加入蒜泥和薑泥大略拌炒，再加入番茄泥拌炒至收乾水分為止。
3. 轉小火加入咖哩粉充分混合攪拌。
4. 倒入水煮至沸騰，再以小火燉煮約5分鐘。
5. 另取一個平底鍋加入芝麻油以中小火加熱，加入豬肉拌炒至表面充分上色為止。加入白菜拌炒至變軟後，再加入苦椒醬混合拌炒。
6. 將**5**加入**4**中混合攪拌。

189 — 柔軟香甜的蕪菁和顆粒芥末醬的溫和酸味很搭
豬五花蕪菁顆粒芥末醬咖哩

材料（2人份）

油…2大匙
洋蔥（切薄片）…中型1/2個
鹽…2/3小匙
蒜頭（磨泥）…2瓣
薑（磨泥）…1片
番茄泥…1大匙
顆粒芥末醬…2大匙
●香料粉
　辣椒醬…1/2小匙
　薑黃粉…1/4小匙
　胡荽粉…2小匙
　孜然粉…2/3小匙
肉豆蔻皮粉…1/8小匙
白胡椒粉…1/8小匙
葛拉姆馬薩拉綜合香料…1/4小匙
豬肉（厚切五花肉片，切成2cm塊狀）…140g
蕪菁（將莖部留下約1cm切成4等分）…1個（100g）
水…200ml

作法

1. 在平底鍋中放入油以中火加熱，加入洋蔥和鹽拌炒至呈微焦淺褐色（參考P.17）為止。
2. 加入蒜泥和薑泥大略拌炒，再加入番茄泥和顆粒芥末醬混合拌炒約2分鐘。
3. 轉小火加入香料粉充分混合攪拌。
4. 另取一個平底鍋加入少許油（分量外）以中火加熱，加入豬肉拌炒至表面上色為止。再加入蕪菁也拌炒至上色。
5. 將**4**加**3**中混合，倒入水煮至沸騰，再轉小火燉煮約10分鐘即可。

香料咖哩

190 —— 雙重蝦子的特殊香氣和鮮甜在口中擴散開來
豬絞肉蝦仁咖哩

材料（2人份）

油…2大匙
●原型香料
　芥末籽…1/2小匙
　茴香籽…1/3小匙
　黑種草籽…3小匙
　葫蘆巴籽…1/4小匙
蒜頭（切碎末）…1瓣
薑（切碎末）…1/2片
洋蔥（切碎末）…中型1/2個
鹽…2/3小匙
番茄泥…1又1/2大匙

●香料粉
　辣椒粉…1/3小匙
　薑黃粉…1/3小匙
　胡荽粉…1又1/2小匙
　孜然粉…1小匙
　葛拉姆馬薩拉綜合香料…1/4小匙
水…200ml
奶油…10g
豬絞肉…150g
蝦乾…2大匙
去殼蝦仁（大隻，也可用冷凍蝦仁）…150g
番茄醬…1大匙
香菜（切碎末）…適量

作法

1. 在平底鍋中放入油以中火加熱，加入原型香料拌炒至散發香氣為止。
2. 加入蒜末和薑末大略拌炒，再加入洋蔥和鹽拌炒至洋蔥呈焦化深褐色（參考P.17）為止。
3. 加入番茄泥拌炒至收乾水分為止。
4. 轉小火加入香料粉充分混合攪拌。倒入水後煮至沸騰，再以小火燉煮約5分鐘。
5. 另取一個平底鍋放入奶油以中火加熱，加入絞肉拌炒至表面上色為止。接著加入蝦乾和蝦仁，拌炒至蝦仁兩面都變紅為止。再加入番茄醬混合拌炒約1分鐘。
6. 將5加入4中混合再加入香菜，以小火燉煮約3分鐘。

191 —— 芝麻油和花椒的香氣讓水餃也變得滑順可口
湯餃咖哩

材料（2人份）

油…1又1/2大匙
●原型香料
　孜然籽…1/4小匙
　胡荽籽…1/4小匙
　八角…1/2個
　花椒…1/2小匙
蒜頭（切碎末）…1瓣
薑（切碎末）…1片
長蔥（蔥白部分切成厚1cm圓片、蔥綠部分切碎末）…1根
豆瓣醬…1/2小匙

●香料粉
　薑黃粉…1/4小匙
　辣椒粉…1/3小匙
　胡荽粉…1小匙
　孜然粉…1/2小匙
　胡椒粉…1/8小匙
●雞高湯
　調味用雞高湯顆粒…1大匙
　熱水…500ml
醬油…1小匙
水餃（市售品）…1包
芝麻油…2小匙

作法

1. 在平底鍋中放入油以中火加熱，加入原型香料拌炒至散發香氣為止。
2. 加入蒜末、薑末與蔥白拌炒至蔥白變軟為止。
3. 轉小火加入豆瓣醬和香料粉充分混合攪拌。
4. 倒入雞高湯和醬油煮至沸騰，加入水餃以小火煮約3分鐘。
5. 加入長蔥的蔥綠部分和芝麻油混合攪拌即可。

192　培根香腸馬鈴薯乾咖哩

鬆軟的馬鈴薯裹上香料很適合當下酒菜

材料（2人份）

油…2大匙
●原型香料
　孜然籽…1/4小匙
　茴香…1/3小匙
　香芹籽…1/4小匙
洋蔥（切薄片）…中型1/2個
鹽…1/2小匙
蒜頭（磨泥）…2瓣
薑（磨泥）…1/2片
番茄泥…1大匙
●香料粉
　辣椒粉…1/2小匙
　薑黃粉…1/3小匙
　胡荽粉…1又1/2小匙
　孜然粉…1/2小匙
　葛拉姆馬薩拉綜合香料…1/2小匙
奶油…10g
馬鈴薯（切成2cm塊狀）…1大個
水…100ml
橄欖油…2小匙
培根（塊狀，切成1cm棒狀）…50g
香腸（切成寬1cm）…3根
粗磨胡椒粒…1/3小匙
荷蘭芹（切碎末）…1大匙

作法

1. 在平底鍋中放入油以中火加熱，加入原型香料拌炒至散發香氣為止。
2. 加入洋蔥和鹽拌炒至洋蔥呈焦化深褐色（參考P.17）為止。
3. 加入蒜末和薑末輕輕拌炒過，接著加入番茄泥拌炒至收乾水分為止。
4. 轉小火加入香料粉充分混合攪拌。
5. 加入奶油和馬鈴薯轉中火拌炒至表面出現焦色為止。倒入水蓋上鍋蓋再轉小火燉煮至馬鈴薯變軟為止。
6. 另取一個平底鍋放入橄欖油以中小火加熱，加入培根拌炒至表面呈現焦色。再加入香腸拌炒至熟透後撒上胡椒。
7. 把6加入5中混合攪拌，以小火拌炒至收乾水分。最後完成時撒上荷蘭芹。

香料咖哩

193 — 濃郁的牡蠣鮮甜味在口中擴散開來
牡蠣番茄奶醬咖哩

材料（2人份）

- 奶油…40g
- 洋蔥（切碎末）…100g
- 鹽…2/3小匙
- 蒜頭（磨泥）…2瓣
- 薑（磨泥）…1/2片
- 獅子唐青椒（切碎末）…1根
- 咖哩粉…2小匙
- 番茄泥…80g
- 水…150ml
- 牡蠣（去殼、加熱使用）…200g
- 白酒…1大匙
- 牛奶…50ml
- 鮮奶油…30ml

作法

1. 在平底鍋中放入30g的奶油以小火加熱，加入洋蔥和鹽拌炒至洋蔥呈微焦淺褐色（參考P.17）為止。
2. 加入蒜泥、薑泥與獅子唐青椒，以中火拌炒約1分鐘至生澀氣味消失。
3. 加入咖哩粉混合拌炒約1分鐘，再加入番茄泥和水煮沸，繼續以小火煮約5分鐘。
4. 另外取一個平底鍋放入10g的奶油以小火加熱，加入牡蠣轉中火拌炒至呈現焦色，倒入白酒煮至沸騰讓酒精蒸散。再倒入牛奶後以小火煮約3分鐘。
5. 把**4**加入**3**中混合後倒入鮮奶油，以小火燉煮約2分鐘。

---

194 — 將大量的番茄基底醬汁搭配海鮮類
章魚烏賊椰奶咖哩

材料（2人份）

- 油…2大匙
- ●原型香料
  - 芥末籽…1/3小匙
  - 孜然籽…1/3小匙
  - 茴香籽…1/3小匙
- 蒜頭（切碎末）…2瓣
- 薑…1片
- 獅子唐青椒（切碎末）…1根
- 洋蔥（切粗末）…中型1/2個
- 鹽…2/3小匙
- 番茄泥…1大匙
- ●香料粉
  - 辣椒粉…1/3小匙
  - 薑黃粉…1/2小匙
  - 胡荽粉…2小匙
- 水…80ml
- 椰奶…120ml
- 章魚（切大塊）…100g（也可用冷凍章魚）
- 烏賊（切成圓環狀）…100g（也可用冷凍烏賊）
- 番茄（切成2cm塊狀）…1/2個
- 香菜（切碎末）…30g

作法

1. 在平底鍋中放入油以中火加熱，加入原型香料拌炒至散發香氣為止。
2. 加入蒜末、薑與獅子唐青椒大略拌炒後加入洋蔥和鹽，拌炒至洋蔥呈微焦淺褐色（參考P.17）為止。
3. 加入番茄泥拌炒約1分鐘。
4. 轉小火加入香料粉充分混合攪拌。
5. 倒入水和椰奶煮至沸騰，加入章魚和烏賊再以小火燉煮約5分鐘。
6. 加入番茄以及香菜，在不煮沸的狀態下邊攪拌邊燉煮約3分鐘。

195 — 將煎過的鮭魚和鴻禧菇先加入鍋中，更添香氣
鮭魚鴻禧菇豆漿咖哩

材料（2人份）

油…2大匙
●原型香料
　紅辣椒…1根
　葫蘆巴籽…1/4小匙
　芥末籽…1/2小匙
　茴香籽…1/2小匙
獅子唐青椒（切圓片）…1根
洋蔥（切薄片）…中型1/2個
鹽…2/3小匙
蒜頭（磨泥）…1又1/2瓣
薑（磨泥）…1/2片

●香料粉
　薑黃粉…1/2小匙
　孜然粉…1/2小匙
　胡荽粉…2小匙
水…100ml
豆漿（調製豆乳）…100ml
奶油…10g
鮭魚片…2〜4片份（200g）
鴻禧菇（撥成小株）
　…1/2包（50g）

作法

1. 在平底鍋中放入油以中火加熱，加入原型香料拌炒至散發香氣為止。
2. 加入獅子唐青椒、洋蔥與鹽，拌炒至洋蔥呈微焦淺褐色（參考P.17）為止。
3. 加入蒜泥和薑泥拌炒約1分鐘至生澀氣味消失為止。
4. 轉小火加入香料粉充分混合攪拌。
5. 倒入水以及豆漿，在不煮沸的狀態下邊攪拌邊以小火煮約3分鐘。
6. 另取一個平底鍋放入奶油以小火加熱，加入鮭魚和鴻禧菇煎至表面呈現焦色。
7. 把6加進5中混合，一邊攪拌一邊以小火煮約2分鐘即可。

196 — 利用切碎的其他食材來襯托出豆類的存在感
小扁豆與鷹嘴豆椰奶咖哩

材料（2人份）

油…2大匙
蒜頭（切碎末）…1瓣
薑（切碎末）…1/2片
獅子唐青椒（切圓片）…1根
洋蔥（切碎末）…中型1/2個
鹽…2/3小匙
番茄泥…1大匙
●香料粉
　辣椒粉…1/3小匙
　薑黃粉…1/2小匙
　胡荽粉…2小匙
　孜然粉…1/2小匙
　葫蘆巴籽…1/4小匙

小扁豆（罐頭）…100g
鷹嘴豆（罐頭）…100g
水…50ml
椰奶…150ml
香菜（切碎末）…1株
檸檬汁…1/2小匙

作法

1. 在平底鍋中放入油以中火加熱，加入蒜末與薑末大略拌炒，再加入洋蔥和鹽拌炒至洋蔥呈微焦淺褐色（參考P.17）為止。
2. 加入番茄泥拌炒至收乾水分為止。
3. 轉小火加入香料粉充分混合攪拌。
4. 加入小扁豆、鷹嘴豆、水與椰奶煮至沸騰。再加入香菜以小火煮約5分鐘，倒入檸檬汁稍微攪拌即可。

197 雞肝番茄橙汁咖哩

在充滿果香的咖哩中加入雞肝也非常適合！

材料（2人份）

油…2大匙
獅子唐青椒（切碎末）…1根
洋蔥（切薄片）…1/2大個
鹽…2/3小匙
整顆番茄罐頭（把番茄和汁液分開並把番茄壓碎備用）…1/2罐
咖哩粉…1大匙
橄欖油…2小匙
蒜頭（切碎末）…1瓣
薑（切碎末）…1片
雞肝（充分洗淨後去除帶血部分，切對半）…200g
柳橙汁…60ml

作法

1. 在平底鍋中放入油以中火加熱，加入獅子唐青椒、洋蔥與鹽，拌炒至洋蔥呈焦化深褐色（參考P.17）為止。
2. 加入番茄罐頭中的番茄，拌炒約10分鐘至收乾水分為止。
3. 轉小火加入咖哩粉拌炒至整體充分融合為止。倒入番茄罐頭的汁液再以小火煮約5分鐘。
4. 另取一個平底鍋放入橄欖油以中火加熱，加入蒜末和薑末轉小火拌炒至散發出香氣。再加入雞肝拌炒至表面變色為止。
5. 把**4**加入**3**中混合，倒入柳橙汁後在不煮沸的狀態下，以小火邊攪拌邊燉煮約10分鐘。

198 紅酒醬沙朗牛排咖哩

每吃一口肉的鮮味就會在口中散開的美味咖哩

材料（2人份）

油…2大匙
●原型香料
　小豆蔻…2粒
　丁香…3粒
　月桂葉…1片
獅子唐青椒（切碎末）…1根
洋蔥（切薄片）…中型1/2個
鹽…2/3小匙
蒜頭（1瓣磨成泥，其餘切成寬1mm薄片）…1又1/2瓣
薑（磨泥）…1/2片
番茄泥…2大匙
●香料粉
　辣椒粉…1/3小匙
　薑黃粉…1/3小匙
　孜然粉…1/2小匙
　胡荽粉…1小匙
　甜椒粉…1/2小匙
　葛拉姆馬薩拉綜合香料…1/2小匙
奶油…15g
沙朗牛排（事先撒上胡椒鹽備用）…2片（300g）
紅酒…80ml
水…180ml
黑糖…2小匙
醬油…1小匙

作法

1. 在平底鍋中放入油以中火加熱，加入原型香料拌炒至散發出香氣為止。
2. 加入獅子唐青椒大略拌炒，再加入洋蔥和鹽後拌炒至洋蔥呈焦化深褐色（參考P.17）為止。
3. 加入蒜泥和薑泥拌炒約1分鐘至生澀氣味消失為止。再加入番茄泥拌炒至收乾水分。
4. 轉小火之後加入香料粉拌炒至整體充分融合為止。
5. 另取一鍋放入奶油以小火加熱，加入蒜片拌炒至散發香氣為止。加入沙朗牛排煎到喜歡的熟度後取出備用。
6. 在空的平底鍋中放入紅酒並煮至沸騰讓酒精蒸散。將**4**加入後再加入黑糖與醬油並再次煮沸，轉小火不時攪拌並燉煮約10分鐘。
7. 將沙朗牛排切成方便食用的大小後盛盤，從上方淋上**6**即完成。

199 ── 細心燉煮的牛筋是讓人不斷伸手夾取的美味
白蘿蔔牛筋咖哩

材料（2人份）

白蘿蔔（去皮，切成厚3cm扇形）…120g
牛筋…200g
酒…2大匙
油…2大匙
孜然籽…1/2小匙
洋蔥（切薄片）…中型1/2個
鹽…1/2小匙

蒜頭（磨泥）…1瓣
薑（磨泥）…1/2片
番茄泥…2大匙
咖哩粉…1大匙
醬油…2小匙

事前準備

將白蘿蔔和牛筋事先水煮。

1. 在鍋中放入白蘿蔔和1ℓ的水（分量外）以大火煮至沸騰，轉小火再煮約5分鐘。取出白蘿蔔後瀝乾水分。
2. 在水煮白蘿蔔的湯汁中加入牛筋，先煮沸一次撈除浮沫後再以小火煮約10分鐘。取出牛筋並以清水洗淨，切成方便食用的大小。
3. 倒掉湯汁後將鍋子洗淨，重新放入牛筋、酒和1ℓ的水（分量外）煮至沸騰，一邊撈除浮沫一邊以小火煮約1小時，煮好後將湯汁和牛筋分開備用。

作法

1. 在平底鍋中放入油以中火加熱，加入孜然籽拌炒至散發出香氣為止。
2. 加入洋蔥和鹽拌炒至洋蔥呈焦化深褐色（參考P.17）為止。
3. 加入蒜泥和薑泥拌炒約1分鐘至生澀氣味消失為止。再加入番茄泥拌炒至收乾水分。
4. 轉小火加入咖哩粉拌炒至整體充分融合為止。
5. 加入白蘿蔔、牛筋、500ml的牛筋湯汁（如果不夠的話就補熱水直到500ml）與醬油，以小火燉煮1小時以上至牛筋變柔軟為止。燉煮時如果水分不夠就再倒入熱水（分量外）補足。

香料咖哩

200 ── 燉煮內臟 × 咖哩!? 全新組合卻有讓人懷念的滋味
味噌優格漬內臟咖哩

材料（2人份）

豬內臟（大腸）…200g
●醃料
　味醂…2大匙
　味噌…1又1/2大匙
　優格…3大匙
　蒜頭（磨泥）…1瓣
　咖哩粉…2小匙
油…2大匙
●原型香料
　孜然籽…1/3小匙
　紅辣椒（切圓片）…1/3小匙
獅子唐青椒（切圓片）…1根
薑（切細絲）…1片
洋蔥（切碎末）…中型1/2個
番茄泥…1大匙
葛拉姆馬薩拉綜合香料…1又1/2小匙
●鰹魚高湯
　鰹魚高湯粉…1小匙
　熱水…200ml

作法

1. 在鍋中放入大量熱水（分量外）煮沸，加入豬內臟水煮後撈起以去除腥味。稍微放涼後與醃料一起放進保鮮袋中，放進冰箱冷藏醃漬約2小時。
2. 在平底鍋中放入油以中火加熱，加入原型香料拌炒至散發出香氣為止。
3. 加入獅子唐青椒和薑絲大略拌炒一下，再加入洋蔥拌炒至呈微焦淺褐色（參考P.17）為止。
4. 加入番茄泥拌炒至收乾水分。
5. 轉小火後加入葛拉姆馬薩拉綜合香料，拌炒至整體充分融合為止。
6. 另取一個平底鍋放入油（分量外）加熱，將內臟連同醃料一起加入鍋中，以小火炒煮約15分鐘至整體完全熟透為止。
7. 將6加進5混合，倒入鰹魚高湯煮至沸騰，以小火燉煮並不時攪拌約10分鐘。

163

Tin Pan Column

關於 Shankar Noguchi

在咖哩食譜開發專家集團「Tin Pan Curry」中負責「印度北部咖哩」部門。人們對北印度咖哩的評價大多是「滋味濃郁」，他會負則搜集並開發這樣的咖哩。另外他也是日本印度混合料理團體「東京香料番長」的團長，身上還肩負著香料搜集者以及貿易商人的角色。

他的祖父來自印度北部的旁遮普，從事貿易業務，傳到這裡已經是第三代。會從印度輸入許多品質優良的香料，主要供應給包含日本國內印度料理店在內的各種店鋪。他年輕時曾經在美國西部海岸住過一段時間，現在除了印度之外，也花很多時間和精力享受旅行，同時尋找尚未見過的香料。

Shankar Noguchi的料理特色是口感醇厚且滋味濃郁。活用各種奶類製品或堅果，不斷創造出除了配飯之外，也非常適合搭配麵包一起享用的咖哩。縝密地設計開發食譜並認真做好事前準備，做出來的料理滋味安定也是他的特色之一。私底下和美食愛好者團體互動頻繁，身邊常有追求「美味料理」的人或是有各種相關資訊，很受歡迎且非常活躍於其中。和這種熱鬧世界無緣的我只能羨慕地遠遠看著。（水野仁輔）

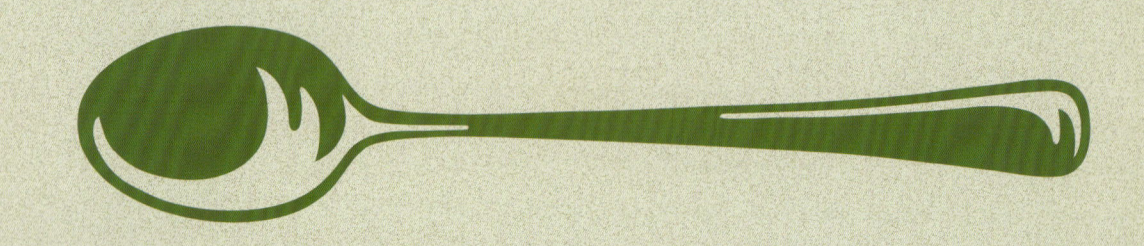

Part 4

印度咖哩

印度咖哩一定要到餐廳才能享用嗎？
只要準備好香料，
在家裡也能做出正統印度風味料理！
扁豆糊、羅望子番茄湯、印度香飯等
印度餐廳裡常見的料理也都做得出來！

201 —— 滋味醇厚但越吃越清爽的經典北印度咖哩

奶油雞肉咖哩

印度咖哩

材料（2人份）

雞腿肉…200g
●醃漬液
　優格…150g
　坦都里式烤雞香料粉…2小匙
　蒜頭（磨泥）…1瓣
　薑（磨泥）…1片
沙拉油…1大匙
●原型香料
　肉桂棒…1根
　小豆蔻…3粒
　丁香…4粒
　月桂葉…1片

番茄（切成1cm塊狀）…2個
奶油…80g
●香料粉
　孜然粉…2小匙
　甜椒粉…1小匙
　胡荽粉…1小匙
　薑黃粉…1/3小匙
鹽…1小匙
番茄汁…200ml
●完成用的香料
　葛拉姆馬薩拉綜合香料…1/2小匙
　葫蘆巴葉…2小匙
鮮奶油…適量

作法

1 將醃漬液用的優格以咖啡濾紙等瀝乾水分備用。將雞肉去皮之後切成一口大小。

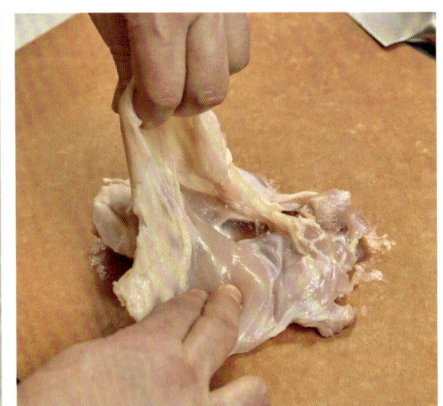

2 將雞肉和醃漬液的所有材料放進調理盆中充分混合攪拌，放進冰箱冷藏醃漬約2小時。

3 在鍋中放入沙拉油以中火加熱，加入原型香料製作香料油。

4 加入番茄後以中小火熬煮約7分鐘。

5 用篩網等過濾 **4**。把剩下的殘渣丟掉。

> **POINT**
> 透過過濾的步驟，能夠做出沒有雜味的高雅滋味。

6 在鍋中放入奶油以中火加熱，將 **2** 連同醃漬液一起加入拌炒。

7 拌炒至雞肉全部表面都上色後，加入 **5** 再煮約 3 分鐘。

8 加入香料粉和鹽後混合拌炒。

9 加入番茄汁以中大火煮約 1 分鐘。蓋上鍋蓋轉小火燉煮約 20 分鐘。

10 打開鍋蓋，加入完成用的香料以中火燉煮約 2 分鐘，加入鹽（分量外）調味。盛盤後淋上適量鮮奶油。

202　2種洋蔥雞肉咖哩

雙重洋蔥鮮甜滋味凝縮於其中的咖哩

材料（2人份）

洋蔥（1/2個沿著纖維切成4等分）
…中型1又1/2個
優格…70g
迷你番茄…4個
菜籽油…2大匙
●原型香料
　小豆蔻…3粒
　孜然籽…1/2小匙
　胡菱籽（輕輕壓碎備用）…1/2小匙
蒜頭（磨泥）…1瓣
薑（磨泥）…1片
●香料粉
　孜然粉…2小匙
　胡菱粉…1小匙
　薑黃粉…1/2小匙
　辣椒粉…1/2小匙
鹽…1小匙
雞腿肉（切成一口大小）…200g
葛拉姆馬薩拉綜合香料…1/2小匙
香菜（切碎末）…1大匙

作法

1. 將1個洋蔥、優格、迷你番茄與50ml的水（分量外）放入食物調理機中，攪打成糊狀。
2. 在平底鍋中放入菜籽油以大火加熱，加入切好的1/2個洋蔥拌炒至充分上色，放到調理盆中備用。
3. 將空的平底鍋以中火加熱，加入原型香料製作香料油。再加入蒜泥和薑泥邊攪拌邊拌炒約30秒。散發出香氣後再加入**1**煮約5分鐘，攪拌融合。
4. 加入香料粉和鹽以中小火拌炒約3分鐘。轉中火加入雞肉混合拌炒約3分鐘。倒入50ml的水（分量外）煮至沸騰，再轉中小火並蓋上鍋蓋燉煮約15分鐘。不時打開鍋蓋邊刮鍋底邊攪拌。
5. 打開鍋蓋加入葛拉姆馬薩拉綜合香料和香菜末，混合攪拌約1分鐘。加入鹽（分量外）調味，再加入**2**的洋蔥稍微混合攪拌即可。

印度咖哩

203 — 濕潤的雞胸肉和多汁的甜椒令人無法忽視
拌炒雞肉蔬菜咖哩

材料（2人份）

菜籽油…2大匙
洋蔥（切薄片）…1小個
綠辣椒（切粗末）…2根
香菜（將根部和葉子切細碎）…3株
蒜頭（磨泥）…1瓣
薑（磨泥）…1片
番茄泥…5大匙
●香料粉
　孜然粉…2小匙
　胡荽粉…1小匙
　甜椒粉…1小匙
　薑黃粉…1小匙
　辣味葛拉姆馬薩拉綜合香料…1小匙
　辣椒粉…1/3小匙
鹽…1小匙
雞胸肉（切成2～3cm塊狀）…300g
甜椒（切成一口大小）…1個
水…50ml
葫蘆巴葉…1大匙

作法

1 在平底鍋中放入菜籽油以中大火加熱，加入洋蔥、綠辣椒與香菜根拌炒至整體充分出現焦色為止。
2 加入蒜泥和薑泥以中火拌炒約1分鐘，轉中小火再加入番茄泥、香料粉和鹽，繼續混合拌炒約3分鐘。
3 加入雞肉和甜椒以中火拌炒至肉的表面上色。倒入水後將整體混合拌勻，蓋上鍋蓋以中小火熬煮約15分鐘。不時打開鍋蓋邊刮鍋底邊攪拌。
4 加入葫蘆巴葉和香菜葉拌炒約2分鐘。雞肉熟透後再加入鹽（分量外）調整味道。

204 — 溫潤的咖哩也非常適合加入清爽的檸檬風味！
阿富汗雞肉咖哩

材料（2人份）

洋蔥…1小個
蒜頭…2瓣
薑…1片
綠辣椒（切對半）…2根
香菜…1大匙
雞翅（沿骨頭劃入切口，用叉子在皮面戳滿小洞）…4根
●醃漬液
　胡椒…1/4小匙
　鹽…1/2小匙
　葫蘆巴葉…1大匙
　葛拉姆馬薩拉綜合香料…1/3小匙
　優格…80g
　鮮奶油…30ml
　檸檬汁…1大匙
奶油…30g
葛拉姆馬薩拉綜合香料…1/5小匙

作法

1 將洋蔥、蒜頭、薑、綠辣椒、香菜和少許水（分量外）放入食物調理機中，攪打成糊狀。
2 將醃漬液的材料和1淋在雞翅上混拌整體，放置約2小時。
3 在平底鍋中放入奶油以中火加熱，加入2的雞翅一邊翻面一邊煎至充分呈現焦色。剩下的醃漬液先不要丟掉，放著備用。
4 將3剩下的醃漬液倒入鍋中混合攪拌，稍微煮沸後轉小火。倒入80ml的水（分量外）充分混合攪拌，蓋上鍋蓋燉煮約20分鐘。
5 打開鍋蓋，撒上葛拉姆馬薩拉綜合香料，並以鹽（分量外）調整味道，混合攪拌後再煮約2分鐘即可。

印度咖哩

205 — 充分享受鷹嘴豆的顆粒感和鬆軟口感
鷹嘴豆馬薩拉咖哩

印度咖哩

材料（2人份）

鷹嘴豆（乾燥）…1/2杯
鹽…2小匙
辣椒粉…1/3小匙
菜籽油…2大匙
孜然籽…1/2小匙
洋蔥（切碎末）…中型1/2個
蒜頭（磨泥）…1瓣
薑（磨泥）…1/2片
番茄（切成1cm塊狀，留一些當飾頂配料）
…中型1/2個
綠辣椒（切碎末）…1根
●香料粉
　胡荽粉…1小匙
　孜然粉…1小匙
　薑黃粉…1/2小匙
　辣椒粉…1/6小匙
　甜椒粉…1小匙
　酸甜香料粉（Chaat masala）…1/3小匙
　（有的話）
水…75ml
檸檬汁…1/2個份
香菜（切碎末，留一些當飾頂配料）…1株

作法

1. 將乾燥鷹嘴豆浸水4小時以上泡發（可以的話最好泡一個晚上）。瀝乾水分放入鍋中，倒入1ℓ的水（分量外）、1小匙的鹽以及辣椒粉，以中大火水煮約8～10分鐘直到鷹嘴豆變軟為止，再用篩網瀝乾備用。
2. 在鍋中放入菜籽油以中大火加熱，加入孜然籽拌炒至發出啪滋啪滋氣泡聲消失為止。再加入洋蔥繼續拌炒至呈金黃焦糖色。
3. 加入蒜泥和薑泥拌炒至散發出香氣後再加入番茄和綠辣椒。
4. 將番茄煮至軟化成糊狀後轉為小火，加入香料粉和1小匙鹽拌炒約3分鐘。
5. 加入1以中火邊稍微將鷹嘴豆壓碎，邊拌炒混合約2分鐘。加入水、檸檬汁和香菜拌炒約8分鐘後，加入鹽（分量外）調味。盛盤後放上飾頂配料的香菜和番茄。

206 扁豆湯

是滋味溫和的扁豆糊。也很推薦和其他咖哩一起享用

材料（2人份）

印度綠扁豆（泡水20分鐘）…1杯
奶油…15g
沙拉油…1大匙
● 原型香料
　孜然籽…1小匙
　紅辣椒…2根
蒜頭（切碎末）…1瓣
薑（切碎末）…1片
洋蔥（切碎末）…中型1/2個
番茄（切成1cm塊狀）…中型1/2個
綠辣椒（切碎末）…1根
● 香料粉
　薑黃粉…1/2小匙
　辣椒粉…1/4小匙
鹽…2/3小匙
香菜（切碎末）…2株

作法

1. 在鍋中放入扁豆和500ml的水（分量外）以中火煮至沸騰，撈除浮沫。轉中小火後加入1/3小匙的薑黃粉和1/4小匙的鹽（皆分量外），不時攪拌燉煮約15分鐘。煮至扁豆變得軟爛後就關火。
2. 在平底鍋中放入奶油和沙拉油以中大火加熱，加入原型香料、蒜末和薑末，拌炒至充分焦化上色為止。
3. 加入洋蔥拌炒至呈金黃焦糖色。若炒到快要燒焦的話可以倒入1大匙水（分量外）調整。
4. 加入番茄和綠辣椒轉中火拌炒約2分鐘。再加入香料粉和鹽轉小火拌炒約2分鐘。
5. 在1中加入4煮至沸騰，一邊攪拌一邊以中小火煮到濃稠為止。再加入香菜混合攪拌繼續煮約1分鐘。

207 牛肉青豆肉末咖哩

享受青豌豆和牛絞肉口感的一道

材料（2人份）

奶油…2大匙
● 原型香料
　肉桂棒…1根
　丁香…4粒
　小豆蔻…3粒
洋蔥（切碎末）…1小個
蒜頭（磨泥）…1瓣
薑（磨泥）…1片
番茄（切成1cm塊狀）…中型1個
綠辣椒（切碎末）…2根
● 香料粉
　薑黃粉…1/2小匙
　胡荽粉…2小匙
　孜然粉…2小匙
　辣椒粉…1/3小匙
鹽…1小匙
牛絞肉…250g
優格…200g
水…50ml
青豌豆仁罐頭（清洗後瀝乾水分）…1罐（90g）
● 完成用的香料
　葛拉姆馬薩拉綜合香料…1小匙
　香菜（切碎末）…2株
● 飾頂配料
　薑（切細絲）…適量
　綠辣椒（切細絲）…1根

作法

1. 在較深的平底鍋中放入奶油以中火加熱，加入原型香料拌炒至小豆蔻膨脹起來為止。
2. 加入洋蔥以中大火拌炒至呈金黃焦糖色為止。再加入蒜泥、薑泥與2大匙水（分量外）混合拌炒。
3. 加入番茄和綠辣椒拌炒至番茄變軟化開、整體變成糊狀為止。轉小火加入香料粉、鹽與1大匙水（分量外），一邊充分混合攪拌一邊炒約2分鐘。
4. 轉中火加入絞肉充分混合拌炒。再加入優格和水混合攪拌，煮至沸騰後蓋上鍋蓋轉小火煮約10分鐘。接著加入青豌豆仁混拌再蓋上鍋蓋煮約3分鐘。
5. 打開鍋蓋，加入完成用的香料邊攪拌邊煮約2分鐘，再加入鹽（分量外）調味。盛盤撒上飾頂配料的薑絲以及綠辣椒絲。

208 ── 奢侈地加入奶油，滋味濃郁的豆類咖哩
扁豆咖哩

材料（2人份）

印度黑扁豆…100g
奶油…30g
洋蔥（切薄片）…1小個
蒜頭（切碎末）…2瓣
薑（切碎末）…1片
番茄泥…2大匙
鹽…1/2小匙
辣椒粉…1/4小匙〜
牛奶…150ml
鮮奶油…適量

作法

1. 將黑扁豆放進深鍋裡清洗豆子，不停換水直到水變清澈乾淨為止。瀝乾水分後放到較深的調理盆中，泡水2小時以上。
2. 將黑扁豆瀝乾水分放回鍋中，倒入水（分量外）直到比豆子高1cm，以中火煮約45分鐘，直到豆子煮至變軟為止。煮沸後撈除浮沫和雜質。如果水在豆子變軟之前就收乾的話，就再倒入適量的水（分量外）。
3. 另取一個鍋子放入奶油以中火加熱，加入洋蔥以中大火拌炒至充分焦化為止。接著加入蒜末和薑末再以中火拌炒約2分鐘，再加入番茄泥、鹽跟辣椒粉後攪拌至整體融合。
4. 將3和牛奶加進2的鍋中，轉中火煮至沸騰後再轉小火，邊攪拌邊燉煮約30分鐘。
5. 整體變得濃稠後加入鹽（分量外）調味，如果不夠辣的話可以再加入辣椒粉。盛盤後繞圈淋上鮮奶油。

209 ── 洋蔥的鮮甜和秋葵的黏稠口感讓人上癮
秋葵洋蔥乾咖哩

材料（2人份）

沙拉油…1大匙
洋蔥（切碎末）…中型1個
綠辣椒（去籽後切碎末）…2根
●香料粉
　孜然粉…1小匙
　薑黃粉…1/2小匙
鹽…2/3小匙
秋葵（以淡鹽水浸泡約10分鐘，再切成寬5mm圓片）…10根

作法

1. 將平底鍋中放入油以中火加熱，加入洋蔥拌炒約5分鐘。
2. 放入綠辣椒、香料粉和鹽拌炒約1分鐘，再加入秋葵和1大匙的水（分量外），煎製至整體充分上色即可。

210 優格醬拌茄子咖哩

茄子被充滿香料味且帶有酸味的醬汁包覆！

材料（2人份）

紅花籽油…4大匙
茄子（切成寬5mm圓片）…2根
●綜合香料
　肉豆蔻…2粒
　茴香籽…1/3小匙
　薑黃粉…1/3小匙
　薑粉…1/3小匙
　阿魏粉…少許
鹽…1/2小匙
優格…160g

作法

1. 在平底鍋中放入3大匙的紅花籽油以中火加熱，加入茄子煎至兩面焦香。用廚房紙巾吸除茄子兩面的油。平底鍋中的油則留下備用。
2. 在1的平底鍋中加入1大匙紅花籽油、綜合香料與鹽以中火加熱，拌炒至肉豆蔻膨脹為止。再加入優格以中小火加熱並混合攪拌。
3. 轉小火放入鹽（分量外）調味並充分攪拌，待開始變得黏稠即可關火。
4. 將茄子盛盤，淋上3。

211 燉煮茄子咖哩

充分品嘗煮至柔軟濃稠的茄子美味

材料（2人份）

茄子…3根
菜籽油…2大匙
孜然籽…1/2小匙
香菜（將根部和葉片切碎末）…2株
洋蔥（切碎末）…1個
蒜頭（磨泥）…2瓣
薑（磨泥）…1片
番茄（切成1cm塊狀）…1個

●香料粉
　薑黃粉…1/2小匙
　辣椒粉…1/4小匙
　胡荽粉…1大匙
鹽…2/3小匙
檸檬汁…1/2個份
粉紅胡椒…10粒（沒有的話就撒上適量胡椒）

作法

1. 用菜刀在茄子上劃入幾道切口，放進烤箱等烘烤約10分鐘。烤至茄子的皮變硬且變焦，切除蒂頭並去皮，用菜刀將茄子大略剁碎。
2. 在鍋中放入菜籽油加熱，加入孜然籽和切碎的香菜根後以中大火拌炒。待散發出香氣就加入洋蔥並拌炒至呈金黃焦糖色為止。
3. 加入蒜泥和薑泥拌炒約30秒。
4. 加入番茄拌炒至完全煮軟散開呈現糊狀，轉小火加入香料粉和鹽。
5. 加入1以中火拌炒約5分鐘混合，再加入香菜葉和檸檬汁拌炒約2分鐘。以鹽（分量外）調味後盛盤，撒上粉紅胡椒。

212 醬漬羊肉咖哩

印度醃漬物的鹹味和鮮味凝縮在羊肉中！也很搭精釀啤酒

材料（2人份）

- ●羊肉事前水煮用的材料
  - 水…1ℓ
  - 鹽…1小匙
  - 胡椒粒…1小匙
  - 孜然籽…1小匙
  - 紅辣椒…2根
- 羊肉（肩里肌肉，切成一口大小）…300g
- 菜籽油…2大匙
- 孟加拉綜合香料…1小匙
- 洋蔥（切薄片）…1小個
- 蒜頭（磨泥）…1瓣
- 薑（磨泥）…1片
- 綠辣椒（切碎末）…2根
- 番茄泥…100g
- ●香料粉
  - 孜然粉…1小匙
  - 胡荽粉…1小匙
  - 甜椒粉…1小匙
  - 辣椒粉…1/2小匙
- 鹽…1小匙
- 印度綜合蔬果醃漬物…2大匙
- 優格…2大匙
- ●完成用的香料
  - 葫蘆巴葉…2小匙
  - 葛拉姆馬薩拉綜合香料…1/2小匙
- 香菜（切碎末）…適量

作法

1. 將羊肉事前水煮用的材料放入鍋中以大火加熱，煮至沸騰後加入羊肉煮約20分鐘，取出備用。
2. 在平底鍋中放入菜籽油以中大火加熱，加入孟加拉綜合香料拌炒約30秒。再加入洋蔥拌炒至呈金黃焦糖色，接著加入蒜泥、薑泥和綠辣椒繼續拌炒約1分鐘。
3. 加入番茄泥以中火拌炒約2分鐘，再加入香料粉、鹽、印度綜合蔬果醃漬物讓整體加以混合。倒入120ml的水（分量外）煮至沸騰後加入 **1**。
4. 轉中小火燉煮約10分鐘，讓整體裹上醬汁。加入優格再燉煮約2分鐘。
5. 加入完成用的香料燉煮約1分鐘，再加入鹽（分量外）調味。盛盤後放上香菜。

213 腰果優格醬燉煮羊肉咖哩

利用腰果做出充滿香氣又溫潤的滋味

材料（2～3人份）

- 羊肉（肩里肌肉，切成3cm塊狀）…300g
- ●醃漬液
  - 蒜頭（磨泥）…1瓣
  - 薑（磨泥）…1片
  - 優格…150g
  - 鹽…1/2小匙
  - 葛拉姆馬薩拉綜合香料…1小匙
- ●腰果優格醬
  - 優格…60g
  - 腰果…50g
  - 綠辣椒（切成寬1cm圓片）…1根
  - 黑糖…1/2大匙
- 奶油…3大匙
- ●原型香料
  - 肉桂棒…1/2根
  - 小豆蔻…2粒
  - 丁香…3粒
  - 八角…1個
- 洋蔥（切碎末）…中型1個
- ●香料粉
  - 孜然粉…1小匙
  - 胡荽粉…2小匙
  - 鹽…1/2小匙
- 香菜（切碎末）…1株
- 葛拉姆馬薩拉綜合香料…1小匙

作法

1. 將羊肉和醃漬液一起放入調理盆中混合。
2. 將腰果優格醬的材料放進攪拌機中攪打成糊狀。
3. 在平底鍋中放入奶油和原型香料以中火加熱，拌炒至小豆蔻膨脹起來為止。加入洋蔥以中大火拌炒至呈金黃焦糖色。
4. 轉小火加入香料粉和鹽，將整體混合後轉中大火，將 **1** 連同醃漬液一同加入鍋中，拌炒至肉類表面變白為止。
5. 轉中火加入 **2** 和100ml的水（分量外）。煮至沸騰後蓋上鍋蓋，轉小火再燉煮約40分鐘。不時打開鍋蓋刮鍋底攪拌。
6. 打開鍋蓋，加入香菜和葛拉姆馬薩拉綜合香料攪拌，再加入鹽（分量外）調味即可。

印度咖哩

214 — 以大量油脂將羊肉和香料的風味保留在料理中
茄汁燉羊肉咖哩

材料（2人份）

優格…250g
●醃漬用香料
　葛拉姆馬薩拉綜合香料…2小匙
　甜椒粉…1小匙
　辣椒粉…1/3小匙
羊肉（肩里肌肉，切成一口大小）…250g
菜籽油…100ml
●原型香料
　肉桂棒…1根
　小豆蔻…3粒
　胡椒粒…5粒
　月桂葉…1片
薑（磨泥）…1片
●香料粉
　甜椒粉…1大匙
　阿魏粉…1/3小匙
番茄泥…100g

作法

1. 在調理盆中放入優格，以打蛋器攪拌至變得滑順為止。加入醃漬用的香料混合攪拌，再加入羊肉混拌後放進冰箱冷藏醃漬2小時以上。
2. 在平底鍋中放入菜籽油和原型香料以中大火加熱，將1連同醃漬液一起加入鍋中，煎至肉的表面充分上色。加入薑泥和香料粉拌炒約2分鐘。
3. 加入100ml的水（分量外）煮至沸騰後，蓋上鍋蓋並以中小火燉煮約40分鐘。不時刮鍋底攪拌。
4. 打開鍋蓋，加入番茄泥轉中火燉煮約10分鐘，再以鹽（分量外）調味即可。

215 — 花時間慢慢燉煮，做出風味濃郁的咖哩
北印油煎羊肉咖哩

材料（2～3人份）

奶油…30g
●原型香料
　小豆蔻…3粒
　月桂葉…2片
洋蔥（切碎末）…中型1個
綠辣椒（切碎末）…2根
蒜頭（磨泥）…2瓣
薑（磨泥）…1片
香菜（切碎末，留一些當飾頂配料）…2大匙
番茄泥…125ml
鮮奶優格…200g
●香料粉
　孜然粉…1大匙
　胡荽粉…1大匙
　芥末籽粉…1小匙
　葛拉姆馬薩拉綜合香料…1/2小匙
　薑黃粉…1/2小匙
　辣椒粉…1/4小匙
　胡椒粉…1/3小匙
鹽…1小匙
羊肉（肩里肌肉，切成一口大小）…400g
熱水…250ml
萊姆汁…1個份

作法

1. 在平底鍋中放入奶油以中火加熱，加入原型香料拌炒至小豆蔻膨脹起來為止。轉中大火並加入洋蔥和綠辣椒，拌炒約5分鐘至呈現焦色。
2. 加入蒜泥、薑泥和香菜拌炒約30秒，再加入番茄泥和優格。
3. 整體煮至融合後轉小火，加入香料粉和鹽混合拌炒約2分鐘。
4. 轉中火加入羊肉，以確實翻拌鍋底的方式拌炒約5分鐘。
5. 倒入熱水煮至沸騰後，蓋上鍋蓋以中小火燉煮約30分鐘。不時刮鍋底攪拌。
6. 待鍋中醬汁變濃稠後打開鍋蓋，倒入萊姆汁轉小火燉煮約15分鐘。再加入鹽（分量外）調味，撒上飾頂配料的香菜末即可。

216 — 竄入鼻腔的孜然香氣讓人食慾大開
雞肉馬薩拉咖哩

材料（2人份）

菜籽油…2大匙
●原型香料
　孜然籽…1/2小匙
　月桂葉…1片
洋蔥（切碎末）…中型1個
蒜頭（磨泥）…1瓣
薑（磨泥）…1/2片
番茄（切成1cm塊狀）…1個
●香料粉
　孜然粉…2小匙
　胡荽粉…2小匙
　薑黃粉…1/2小匙
　辣椒粉…1/3小匙
鹽…1小匙
雞腿肉（切成一口大小）…300g
水…200ml
葛拉姆馬薩拉綜合香料…1/2小匙

作法

1. 在平底鍋中放入菜籽油以中大火加熱，加入原型香料拌炒約30秒。再加入洋蔥拌炒約5分鐘至洋蔥變軟為止。
2. 加入蒜泥和薑泥拌炒約2分鐘，再加入番茄繼續混合拌炒約5分鐘。轉小火加入香料粉和鹽拌炒約2分鐘。
3. 轉中大火後加入雞肉，煎至雞肉表面充分上色為止。倒入水蓋上鍋蓋轉中小火燉煮約20分鐘。不時刮鍋底攪拌。
4. 雞肉煮至熟透後打開鍋蓋，加入葛拉姆馬薩拉綜合香料後再煮約2分鐘即可。

217 — 在融入雞肉鮮味的咖哩中加入濃醇的優格
印度雞肉咖哩

材料（2人份）

雞腿肉（切成一口大小）…200g
奶油…30g
●原型香料
　小豆蔻…2粒
　丁香…2粒
　肉桂棒…1/2根
洋蔥（切碎末）…中型1個
蒜頭（磨泥）…1瓣
薑（磨泥）…1片
番茄（切成1cm塊狀）…1個
綠辣椒（切碎末）…1根
●香料粉
　孜然粉…1小匙
　胡荽粉…2小匙
　薑黃粉…1/2小匙
　辣椒粉…1/3小匙
鹽…2/3小匙
優格…100g
水…50ml
香菜（切碎末）…1株
葛拉姆馬薩拉綜合香料…1/3小匙

作法

1. 在雞肉撒上胡椒鹽（分量外）並搓揉使其入味。
2. 在平底鍋中放入奶油以中火加熱，加入原型香料拌炒至小豆蔻膨脹起來為止。轉中大火加入洋蔥拌炒。
3. 洋蔥炒至呈金黃焦糖色後，加入蒜泥、薑泥和2大匙水（分量外）混合拌炒。炒出香氣後再加入番茄和綠辣椒，邊將番茄壓碎邊以中火拌炒至變濃稠為止。
4. 加入香料粉和鹽轉小火拌炒約2分鐘。
5. 整體拌炒均勻後加入雞肉，炒至雞肉表面上色為止。再加入充分攪打過的優格和水混合攪拌，蓋上鍋蓋以小火燉煮約20分鐘。每隔5分鐘就要刮鍋底混合攪拌。
6. 打開鍋蓋轉中火並加入香菜和葛拉姆馬薩拉綜合香料，再攪拌約2分鐘後加入鹽（分量外）調味即可。

218　印度香菜醬雞肉

主角是奢侈加入的大量新鮮香菜！

材料（2人份）

- ●香菜醬＊
  - 香菜（切成寬2～3cm段）…50g
  - 花生…20g
  - 檸檬汁…1/2個份
  - 鹽…1/2小匙
  - 黑糖…1小匙
  - 薑黃粉…少許
  - 綠辣椒（切粗末）…1根
- 雞胸肉（去皮，切成2cm塊狀）…300g
- ●香料粉
  - 薑黃粉…1/3小匙
  - 辣椒粉…1/4小匙
- 鹽…1/2小匙
- 菜籽油…2小匙
- 洋蔥（切薄片）…中型1個
- 蒜頭（磨泥）…2瓣
- 薑（磨泥）…1片
- 香菜（飾頂配料用，切成寬2～3cm段）…適量

※食譜中做好的香菜醬也可以拿來淋在肉類、魚類或蔬菜上。

作法

1. 將香菜醬的材料和少許水（分量外）放入食物調理機中攪打成糊狀。將雞肉和香料粉、鹽混合備用。
2. 在鍋中放入菜籽油以中火加熱，加入洋蔥拌炒至整體充分呈現焦色為止。
3. 轉中火加入蒜泥、薑泥和1大匙水（分量外）拌炒約1分鐘。再加入雞肉拌炒至表面變白後，加入**1**的香菜和100ml的水（分量外），邊攪拌讓整體裹上醬汁煮約5分鐘。
4. 蓋上鍋蓋並不時打開混合攪拌，轉中小火煮約15分鐘。
5. 雞肉煮至熟透後加入鹽（分量外）調味，最後撒上香菜末。

印度咖哩

219 — 在洋蔥×雞肉的經典組合中加入風味強烈的胡椒
胡椒雞肉

材料（2～3人份）

雞腿肉（切成2cm塊狀）…400g
蒜頭（磨泥）…1瓣
薑（磨泥）…1片
檸檬汁…1大匙
鹽…2/3小匙
菜籽油…3大匙

洋蔥（一半切成薄片，另一半用食物調理機攪打成糊狀）…中型1個
長胡椒粉…2小匙
胡椒…1小匙

作法

1. 在調理盆中放入雞肉、蒜泥、薑泥、檸檬汁和鹽混合攪拌，放進冰箱冷藏醃漬2小時以上。
2. 在平底鍋中放入菜籽油加熱，加入洋蔥拌炒至變得柔軟為止。再加入洋蔥糊、長胡椒粉和胡椒拌炒至充分上色為止。
3. 將1加入鍋中，邊攪拌邊炒約10分鐘。
4. 倒入100ml的水（分量外）待整體煮沸後蓋上鍋蓋，以小火煮約10分鐘。打開鍋蓋，再加入鹽（分量外）調味即可。

印度咖哩

220 — 咖哩和水煮蛋的組合，飽足感滿點！
雞蛋馬薩拉咖哩

材料（2人份）

醋…1大匙
鹽…1又1/3小匙
雞蛋…4個
小番茄（切對半）…4個
腰果…50g
優格…150g
奶油…2大匙
●原型香料
　肉桂棒…1根
　小豆蔻…2粒
　丁香…4粒

洋蔥（切碎末）…中型1個
綠辣椒（切碎末）…2根
蒜頭（磨泥）…1瓣
薑（磨泥）…1片
●香料粉
　孜然粉…2小匙
　胡荽粉…1小匙
　薑黃粉…1/2小匙
　辣椒粉…1/3小匙
鹽…1小匙
香菜（切碎末）…2株
葛拉姆馬薩拉綜合香料…2/3小匙

作法

1. 在鍋中放入大量熱水（分量外）煮沸，加入醋和1/3小匙的鹽，用圖釘等在蛋殼戳出小洞，再輕輕把雞蛋放入鍋中，以98℃左右的熱水煮12分鐘。將雞蛋取出後放到冷水中，剝殼備用。
2. 將小番茄、腰果和優格放到食物調理機中攪拌至成糊狀。
3. 在平底鍋中放入奶油以中火加熱，加入原型香料拌炒至小豆蔻膨脹起來為止。再加入洋蔥和綠辣椒拌炒至呈金黃焦糖色。
4. 加入蒜泥和薑泥拌炒約1分鐘，轉小火後加入香料粉和剩下的1小匙鹽，拌炒約2分鐘。
5. 在鍋中加入2並轉中火，混合攪拌約5分鐘後，加入香菜以及葛拉姆馬薩拉綜合香料混合攪拌，再加入鹽（分量外）調味。
6. 加入1的水煮蛋，混拌約2分鐘同時小心不要把蛋壓碎。

221　加入鮮奶油和杏仁是味道的關鍵
杏仁奶油咖哩雞

印度咖哩

材料（2人份）

紅花籽油…2大匙
小豆蔻…2粒
洋蔥（切碎末）…中型1個
蒜頭（磨泥）…1瓣
薑（磨泥）…1片
雞胸肉（切成2cm塊狀）…200g
●香料粉
　胡荽粉…2小匙
　孜然粉…1小匙
　葛拉姆馬薩拉綜合香料（建議使用ISMC牌產品）…1小匙
　薑黃粉…1/2小匙
　辣椒粉…1/4小匙
黑糖…2小匙
鹽…1小匙
優格…200g
鮮奶油…3大匙
杏仁粉…3大匙
香菜（切碎末）…1小匙
杏仁片…適量

作法

1. 在平底鍋中放入紅花油以中大火加熱，加入小豆蔻拌炒約30秒。再加入洋蔥、蒜泥和薑泥以中火拌炒至充分上色，接著加入雞肉邊混合邊拌炒約5分鐘。
2. 加入香料粉、黑糖以及鹽轉中小火拌炒約2分鐘，好讓雞肉裹上香料。
3. 加入優格、鮮奶油和杏仁粉轉中大火加熱，煮至沸騰後蓋上鍋蓋，轉小火燉煮10～12分鐘。
4. 打開鍋蓋之後加入鹽（分量外）調味。盛盤後撒上香菜末以及杏仁片。

222 — 加入檸檬＆香菜清爽香氣的馬鈴薯下酒菜
香料蒜香馬鈴薯

材料（2人份）

A
- 蒜頭（切對半）…3瓣
- 綠辣椒（切大塊）…2根
- 孜然籽…1/2小匙

沙拉油…1又1/2大匙

●香料粉
- 阿魏粉…1/4小匙
- 薑黃粉…1/2小匙

鹽…1/2小匙
馬鈴薯（切成6等分後水煮，再以壓泥器稍微壓碎）…4個
檸檬汁…1/2個份
香菜（切碎末）…1株

作法

1. 將A放進食物調理機中攪打成粗末。
2. 在平底鍋中放入沙拉油以中大火加熱，加入1拌炒約2分鐘。
3. 加入香料粉和鹽轉小火拌炒約2分鐘，再加入馬鈴薯邊攪拌邊轉中火再炒約2分鐘。
4. 加入檸檬汁和香菜混合拌炒約1分鐘即可。

---

223 — 番茄×莫札瑞拉起司的組合絕對美味！
紅醬乳酪咖哩

材料（2人份）

莫札瑞拉起司…200g
奶油…2大匙
番茄泥…200g
蒜頭（磨泥）…1瓣
薑（磨泥）…1片
罌粟籽…2小匙（有的話）
葛拉姆馬薩拉綜合香料…1小匙
熱水…120ml

鮮奶油…2大匙
砂糖…1/2小匙
葫蘆巴葉…1小匙

作法

1. 將莫札瑞拉起司切成寬8mm片，用廚房紙巾包起來後輕輕拍打以吸除水分。靜置約1小時，期間要不斷更換廚房紙巾。
2. 在平底鍋中放入奶油以中火加熱，加入番茄泥以中火拌炒約1分鐘。再加入蒜泥、薑泥、罌粟籽與葛拉姆馬薩拉綜合香料再拌炒約3分鐘。
3. 倒入熱水煮至沸騰後蓋上鍋蓋再煮約5分鐘。打開鍋蓋後再轉小火煮約3分鐘至醬汁變得濃稠為止。加入鮮奶油、砂糖與葫蘆巴葉，攪拌約1分鐘後關火。
4. 用鹽（分量外）調味，加入莫札瑞拉起司後攪拌一下盛盤。

224 馬鈴薯花椰菜

蔬菜的鬆軟口感與正統印度料理的辣味讓人上癮

材料（2人份）

沙拉油…2大匙
孜然籽…1小匙
洋蔥（切碎末）…1小個
蒜頭（切碎末）…1瓣
薑（切碎末）…1片
番茄（切成1cm塊狀）…中型1個
● 香料粉
　胡荽粉…1大匙
　薑黃粉…1小匙
　辣椒粉…1/2小匙
鹽…1小匙
水…2大匙
馬鈴薯（切成6等分並水煮，但不煮軟）…2個
花椰菜（分成小株並水煮，但不煮軟）…1/4個
綠辣椒（切碎末）…1根
香菜（切碎末）…2株
熱水…100ml

作法

1. 在平底鍋中放入沙拉油以中大火加熱，加入孜然籽拌炒。等到孜然籽周圍開始冒出小氣泡時就加入洋蔥，拌炒至呈金黃焦糖色為止。
2. 加入蒜末和薑末拌炒約1分鐘。接著加入番茄拌炒直到番茄軟爛為止。
3. 轉小火加入香料粉、鹽和水，再轉中火拌炒約3分鐘。
4. 加入馬鈴薯、花椰菜、綠辣椒、香菜和熱水，混合拌炒7～8分鐘讓馬鈴薯充分上色，再加入鹽（分量外）調味即可。

225　菠菜起司咖哩

在綠色菠菜中的起司非常搶眼，滋味溫潤的一道

材料（2人份）

莫札瑞拉起司…15小個
菠菜（切成3等分）…1把
綠辣椒（1根切圓片，2根切碎末）…3根
●番茄糊
　番茄（切大塊）…1個
　腰果…50g
　優格…150g
奶油…30g
●原型香料
　肉桂棒…1根
　小豆蔻…2粒
　丁香…4粒
洋蔥（切碎末）…1小個
蒜頭（磨泥）…1瓣
薑（磨泥）…1片
●香料粉
　胡荽粉…2小匙
　薑黃粉…1/2小匙
　葛拉姆馬薩拉綜合香料…1/2小匙
鹽…1小匙
鮮奶油…適量

作法

1. 將莫札瑞拉起司用廚房紙巾等包起來後輕輕拍打以吸除水分。靜置約1小時，期間要不斷更換廚房紙巾。
2. 在鍋中放入大量熱水（分量外）煮沸，加入菠菜較粗的莖部和少許鹽（分量外），30秒後再加入菠菜的葉子，煮至變得軟爛為止。稍微放涼後把菠菜和綠辣椒圓片一起放進食物調理機中，攪打成糊狀。
3. 把番茄糊的食材都放進食物調理機中攪打成糊狀。
4. 在平底鍋中放入奶油以中火加熱，加入原型香料轉中大火拌炒至小豆蔻膨脹起來為止。加入洋蔥和綠辣椒末拌炒至洋蔥呈金黃焦糖色為止。
5. 加入蒜泥和薑泥拌炒約30秒，轉小火加入香料粉、鹽和2大匙的水（分量外），拌炒約2分鐘。
6. 轉中火加入**3**，再轉中小火煮約5分鐘。接著加入**2**蓋上鍋蓋繼續燉煮約10分鐘。
7. 加入鹽（分量外）調味後就關火，放入莫札瑞拉起司攪拌約30秒。盛盤並淋上鮮奶油。

226　肉桂丁香腰果抓飯

充滿肉桂的輕盈香氣，滋味溫和的印度式炊飯

材料（2人份）

印度香米…180g
蔬菜高湯粉…2小匙
熱水…350ml
奶油…10g
肉桂棒…1根
丁香…3粒
腰果…20粒

作法

1. 將印度香米用冷水清洗2～3次，泡水約30分鐘備用。在熱水中加入蔬菜高湯粉，溶解做成高湯。
2. 在鍋中加入奶油以中火加熱，加入肉桂棒和丁香拌炒約2分鐘。加入印度香米後混合攪拌。
3. 倒入高湯煮約3分鐘使其沸騰。加入腰果蓋上鍋蓋轉小火煮約12分鐘。關火後蓋著鍋蓋再燜約10分鐘即可。

227　綜合蔬菜咖哩

蔬菜的甜味和綠辣椒的刺激辣味很搭

材料（2人份）

奶油…2大匙
沙拉油…1大匙
●原型香料
　孜然籽…1/2小匙
　肉桂棒…1/2根
　丁香…3粒
　小豆蔻…2粒
洋蔥（切粗末）…中型1/2個
蒜頭（磨泥）…1瓣
薑（磨泥）…1片
番茄（切成1cm塊狀）…1個
綠辣椒（切碎末）…1根
●香料粉
　孜然粉…1小匙
　胡荽粉…2小匙
　薑黃粉…1/2小匙
　辣椒粉…1/3小匙
鹽…2/3小匙
紅蘿蔔（切成1cm塊狀）…1/2根
四季豆（切成寬3cm段）…40g
花椰菜…6小株
馬鈴薯（水煮但不煮軟，切成8等分）…1個
優格…150g
香菜（切碎末）…2株

作法

1. 在鍋中放入奶油和沙拉油以中火加熱，加入原型香料拌炒至小豆蔻膨脹起來。再加入洋蔥轉中大火拌炒至呈金黃焦糖色。
2. 加入蒜泥和薑泥邊攪拌整體邊炒約30秒。再加入番茄和綠辣椒繼續拌炒至整體呈現糊狀為止。轉小火加入香料粉、鹽和1大匙水（分量外），邊混拌邊炒約2分鐘。
3. 加入紅蘿蔔、四季豆和花椰菜，轉中大火炒約2分鐘讓蔬菜都裹上醬汁，再加入馬鈴薯拌炒約1分鐘。
4. 加入優格和100ml的水（分量外）煮至沸騰，接著蓋上鍋蓋轉中火燉煮約8分鐘。
5. 加入香菜再煮約1分鐘，加入鹽（分量外）調味即可。

228 — 芥末籽更加襯托出鱈魚的鮮味
芥末醬魚肉咖哩

材料（2人份）

鱈魚（切成3等分）⋯2片
薑黃粉⋯1小匙
沙拉油（若有芥籽油也可使用）
⋯2大匙
棕色芥末籽⋯1小匙
蒜頭（切碎末）⋯1瓣
薑（切碎末，留一些當飾頂配料）
⋯2片
顆粒芥末醬⋯30g

洋蔥（切薄片）⋯1小個
●香料粉
　胡荽粉⋯1小匙
　薑黃粉⋯1/2小匙
　辣椒粉⋯1/4小匙
鹽⋯1小匙
熱水⋯150ml
檸檬汁⋯2小匙

作法

1. 將薑黃粉撒在鱈魚上並搓揉醃漬。
2. 在鍋中放入沙拉油以中火加熱，加入棕色芥末籽拌炒，待發出啪滋啪滋氣泡聲時蓋上鍋蓋。等聲響停止後加入蒜末、薑末和顆粒芥末醬，整體混合攪拌約30秒。
3. 轉中大火加入洋蔥拌炒約10分鐘至呈金黃焦糖色。若快要炒焦的話就倒入2大匙水（分量外）。
4. 轉小火加入香料粉、鹽和1大匙水（分量外）再拌炒約2分鐘，倒入熱水轉中火煮至沸騰。
5. 加入鱈魚蓋上鍋蓋轉小火煮約2分鐘。打開鍋蓋後將鱈魚翻面並倒入檸檬汁，再繼續煮約2分鐘。加入鹽（分量外）調味，最後完成時撒上飾頂配料用的薑末。

229 — 蝦子鮮味凝縮其中的濃郁奶醬咖哩
椰奶鮮蝦咖哩

材料（2人份）

蝦子（去殼後挑出背部腸泥）
⋯16小隻
薑黃粉⋯1/2小匙
奶油⋯30g
●原型香料
　小豆蔻⋯2粒
　丁香⋯3粒
　肉桂棒⋯1/2根

椰奶⋯300ml
綠辣椒（縱切對半並去籽）⋯1根
●香料粉
　胡荽粉⋯1小匙
　孜然粉⋯1小匙
鹽⋯1/2小匙

作法

1. 在蝦子抹上薑黃粉和少許鹽（分量外）並搓揉。
2. 在平底鍋中放入奶油加熱，將1排放進鍋中且煎製兩面1～2分鐘。取出蝦子，在鍋中殘留的奶油中加入原型香料，拌炒至小豆蔻膨脹起來為止。
3. 倒入椰奶轉中火煮至整體微微沸騰冒出小氣泡。
4. 加入蝦子、綠辣椒、香料粉和鹽，轉中小火燉煮約3分鐘使食材裹滿醬汁即可。

230 羊肉印度香飯

吸收滿滿羊肉鮮味的印度香米是絕品美味

材料（2～3人份）

羊肉（肩里肌肉，切成一口大小）…200g
●醃漬液
　蒜頭（磨泥）…1瓣
　薑（磨泥）…1/2片
　優格…150g
　檸檬汁…1/2個份
　綠辣椒（切碎末）…1根
　胡椒薄荷（切大段）…10g
　葛拉姆馬薩拉綜合香料…2小匙
　孜然粉…1小匙
　薑黃粉…1/3小匙
　辣椒粉…1/4小匙
香菜（切大段）…15g
鹽…2小匙
印度香米…200g
奶油…20g
菜籽油…2大匙
洋蔥（切薄片）…中型1個
●香料粉
　孜然粉…1小匙
　胡荽粉…1小匙
水…1ℓ
番紅花…1小撮

作法

1. 在調理盆中放入羊肉、醃漬液的所有材料、10g香菜和1小匙鹽，混合攪拌後放進冰箱冷藏醃漬4小時以上。印度香米用冷水清洗2～3次後泡水約30分鐘備用。

2. 在平底鍋中放入奶油和菜籽油以中大火加熱，加入洋蔥拌炒至呈金黃焦糖色為止。轉小火加入香料粉拌炒約2分鐘。將羊肉連同醃漬液一起加入鍋中，邊攪拌邊煮約5分鐘。

3. 倒入150ml的水（分量外）煮至沸騰後蓋上鍋蓋，不時打開鍋蓋刮鍋底攪拌，以小火燉煮約30分鐘。

4. 另取一鍋倒入1ℓ的熱水煮至沸騰，加入1小匙鹽後再加入印度香米。以中火煮約3分鐘至沸騰。試吃一下，若煮至只剩米芯還稍有硬度就可以倒入篩網瀝乾水分。在120ml的溫水（分量外）中加入番紅花。

5. 將一半的印度香米放回原本鍋中，從上方倒入**3**後於上方疊上剩下的印度香米。將**4**的番紅花水分散倒入鍋中各處，撒上剩下的5g香菜後蓋上鍋蓋。

6. 以中大火煮約2分鐘後，維持蓋著鍋蓋轉小火燉煮約10分鐘。關火後再燜煮約10分鐘。稍微攪拌後盛盤。

印度咖哩

231 — 喀拉拉雞肉咖哩

充滿香料香氣的雞肉讓人食慾大開！道地的南印度料理

印度咖哩

材料（4人份）

- 沙拉油…4大匙
- 洋蔥（切細絲）…1個
- 蒜頭（切細絲）…3～4瓣
- 薑（切細絲）…1片
- 綠辣椒（切細絲）…3根
- ●香料粉
  - 胡荽粉…1大匙
  - 甜椒粉…1小匙
  - 辣椒粉…1/2小匙
  - 薑黃粉…1/4小匙
- 番茄（切大塊）…1個
- 水…300ml
- 雞腿肉（去皮後切成一口大小）…2片
- 椰奶…200ml
- 鹽…1小匙
- ●香料油
  - 沙拉油…2大匙
  - 芥末籽…1/2小匙
  - 辣椒粉…1/3小匙
  - 紅辣椒…5根
- 香菜（切大段）…適量

作法

1 在鍋中放入沙拉油以中火加熱，加入洋蔥拌炒至軟化為止。

2 加入蒜絲、薑絲和綠辣椒絲拌炒。

3 拌炒至洋蔥的邊緣開始上色時就加入香料粉，大略混合拌炒。

4 加入番茄拌炒。

5 番茄的體積大約剩下一半後就倒入水。煮至沸騰蓋上鍋蓋，轉中小火燉煮約10分鐘後加入雞肉。

6 加入椰奶和鹽燉煮。

7 沸騰之後蓋上鍋蓋，轉小火再燉煮約10分鐘。

8 【萃取香料油】在平底鍋中放入沙拉油以中火加熱，加入芥末籽。芥末籽的氣泡聲趨緩後就加入剩下的香料，加熱至充分上色為止。

> **POINT**
> 等到芥末籽開始發出啪滋啪滋的氣泡聲時就蓋上鍋蓋。

9 在**7**的鍋中倒入**8**，燉煮約2～3分鐘讓風味融合。加入鹽（分量外）調味。

> **POINT**
> 一口氣倒入鍋中！但要小心油會噴濺。

10 最後完成時加入香菜。

232 — 增添麻油香氣的香料醬汁是其美味關鍵
香料煎烤豬肉咖哩

材料（4人份）

- 油…1大匙
- 紅辣椒…3根
- 細椰絲…30g
- 芝麻油…3大匙
- 肉桂棒…少許
- 洋蔥（切細絲）…1個
- 蒜頭（切細絲）…2瓣
- 薑（切細絲）…1片
- 綠辣椒（切細絲）…3根
- 番茄（切大塊）…1個
- 鹽…1小匙

● 香料粉
- 胡荽粉…1大匙
- 葛拉姆馬薩拉綜合香料…1小匙
- 薑黃粉…1/2小匙
- 辣椒粉…1/3小匙

- 水…200ml
- 豬肉（肩里肌肉塊，切成方便食用的大小）…500g
- 醋…1大匙

作法

1. 在平底鍋中放入油加熱，加入紅辣椒以中火拌炒至上色。再加入細椰絲拌炒至呈金黃焦糖色後以攪拌機攪打，邊倒入少許水（分量外）邊打成糊狀。
2. 在平底鍋中放入芝麻油以中火加熱，加入肉桂大略拌炒，再加入洋蔥、蒜絲、薑絲和綠辣椒絲，拌炒至洋蔥上色為止。
3. 加入番茄拌炒至軟爛為止。
4. 加入鹽和香料粉混合攪拌，再加入1的香料糊和水轉大火煮至沸騰。
5. 水和醬料融合後加入豬肉和醋，蓋上鍋蓋轉小火燉煮約20分鐘，再加入鹽（分量外）調味即可。

印度咖哩

233 — 確實收乾水分的牛肉中凝縮滿滿鮮味！
南印香料牛肉咖哩

材料（4人份）

● 醃料
- 洋蔥（切細絲）…1/2個
- 蒜頭（磨泥）…1瓣
- 薑（磨泥）…1/2片
- 綠辣椒（切大塊）…2根
- 細椰絲…3大匙
- 胡荽粉…2小匙
- 葛拉姆馬薩拉綜合香料…1小匙
- 孜然粉…1小匙
- 薑黃粉…1/3小匙
- 辣椒粉…1/2小匙
- 胡椒粉…1/2小匙
- 鹽…1小匙
- 油…1大匙

- 牛肉（肩里肌肉，切成一口大小）…600g
- 水…300ml
- 沙拉油…1大匙
- 芥末籽…1/2小匙
- 洋蔥（切細絲）…1/2個
- 蒜頭（切細絲）…2瓣
- 薑（切細絲）…1片
- 綠辣椒（切細絲）…3根

● 香料粉
- 胡荽粉…2小匙
- 辣椒粉…1/2小匙
- 薑黃粉…1/2小匙
- 香菜（切碎末）…適量

作法

1. 在調理盆中放入醃料和牛肉混合攪拌。
2. 在鍋中放入1和水以中火加熱至沸騰，蓋上鍋蓋轉小火煮約30分鐘。
3. 在平底鍋中放入沙拉油加熱，加入芥末籽以小火加熱。芥末籽的氣泡聲趣緩緩後再加入洋蔥，拌炒至洋蔥變得柔軟為止。
4. 加入蒜泥、薑泥與綠辣椒拌炒至洋蔥稍微上色，再加入香料粉攪拌讓整體融合。
5. 從2的鍋中取出牛肉加入平底鍋中，待整體融合後加入鹽（分量外）調味。盛盤並撒上香菜。

234 — 快速煮熟保持蝦子的Q彈口感！
南印蝦仁椰奶咖哩

材料（4人份）

沙拉油…3大匙
芥末籽…1/2小匙
紅辣椒…3根
蒜頭（切細絲）…2瓣
薑（切細絲）…2片
洋蔥（切細絲）…1個
番茄（切大塊）…1個
●香料粉
　胡荽粉…2小匙
　孜然粉…1小匙
　薑黃粉…1/2小匙
　辣椒粉…1/2小匙
鹽…1小匙
椰奶…200ml
水…300ml
醋…1大匙
蝦子（去殼後挑出背部腸泥）…12隻
香菜（切大段）…適量

作法

1. 在鍋中放入油以中火加熱，加入芥末籽拌炒。待芥末籽的氣泡聲趨緩後加入紅辣椒。
2. 加入蒜絲、薑絲和洋蔥拌炒至呈金黃焦糖色為止。
3. 加入番茄拌炒至軟爛為止。
4. 加入香料粉和鹽拌炒約30秒。
5. 倒入椰奶、水和醋轉大火煮至沸騰，蓋上鍋蓋再轉小火燉煮約10分鐘。
6. 加入蝦子轉中火大略熬煮，再加入鹽（分量外）調味。最後完成時加入香菜稍微混拌。

印度咖哩

235 — 能享受蔬菜繽紛色彩的滿滿配料咖哩
椰香桑巴湯

材料（4人份）

- ●原型香料
  - 紅辣椒…6根
  - 孜然籽…1小匙
  - 胡荽籽…3大匙
- 細椰絲…5大匙
- 木豆…100g
- 熱水…300ml
- 油…2大匙
- ●香料
  - 芥末籽…1小匙
  - 紅辣椒…1根
  - 孜然籽…1小匙
- 茄子（切成一口大小）…2根
- 四季豆（切成一口大小）…100g
- 洋蔥（切成一口大小）…1/2個
- 紅色甜椒（切成一口大小）…1個
- 羅望子（用300ml溫水泡發備用）…10g
- 鹽…適量

事前準備

製作桑巴馬薩拉（香料粉）。
1. 在平底鍋中放入原型香料以中火加熱，稍微乾炒一下。
2. 加入細椰絲乾炒至上色為止。
3. 稍微放涼後放入攪拌機中攪打成粉狀。

作法

1. 在鍋中放入木豆和熱水以小火燉煮，同時用木鏟壓碎至整體呈糊狀。若水快煮乾的話就另外補足熱水（分量外）。
2. 另取一鍋放入油以中火加熱，加入香料拌炒至芥末籽的氣泡聲趨緩為止。再加入茄子、四季豆、洋蔥和甜椒大略拌炒。
3. 在溫水中將羅望子像要取出種子般用手搓揉，用篩網將汁液濾到鍋中。加入桑巴馬薩拉、**1**和鹽後充分攪拌燉煮。
4. 煮至沸騰後蓋上鍋蓋，轉小火燉煮約10分鐘讓蔬菜熟透，加入鹽（分量外）調味即可。

印度咖哩

236 — 花時間充分燉煮的扁豆滋味溫和美味
扁豆糊咖哩

材料（4人份）

- 印度綠扁豆…200g
- 薑黃粉…1小匙
- 油…3大匙
- ●原型香料
  - 孜然籽…1小匙
  - 紅辣椒…2根
- 洋蔥（切碎末）…1/2個
- 蒜頭（切碎末）…3瓣
- 薑（切碎末）…2片
- 番茄（切大塊）…1/2個
- ●香料粉
  - 胡荽粉…1大匙
  - 孜然粉…1小匙

作法

1. 將綠扁豆洗淨後以大量熱水（分量外）煮沸。撈除浮沫加入薑黃粉，以小火燉煮45分鐘～1小時至呈糊狀為止。
2. 在鍋中加入油以中火加熱，加入原型香料拌炒至上色為止。再加入洋蔥拌炒至上色後加入蒜末與薑末，拌炒至洋蔥呈金黃焦糖色。
3. 加入番茄拌炒至軟爛後，再加入香料粉和鹽大略拌炒。
4. 加入**1**混合攪拌再加入鹽（分量外）調味即可。

237　椰絲香料雞肉咖哩

煎製過的椰子香氣在口中擴散開來

材料（4人份）

紅辣椒…5根
細椰絲…70g
沙拉油…4大匙
洋蔥（切細絲）…1個
蒜頭（切細絲）…3瓣
薑（切細絲）…1片
綠辣椒（切細絲）…3根
●香料粉
　胡荽粉…1大匙
　葛拉姆馬薩拉綜合香料…1小匙
　薑黃粉…1/2小匙
　辣椒粉…1/2小匙
番茄（切大塊）…1個
水…200ml
雞腿肉（切成一口大小）…2片
鹽…1小匙

作法

1. 以中火加熱平底鍋，加入紅辣椒和細椰絲拌炒至上色後放進攪拌機中，倒入少許水（分量外）攪打成糊狀。
2. 在鍋中放入沙拉油以中火加熱，加入洋蔥拌炒至軟化為止。再加入蒜絲、薑絲與綠辣椒絲拌炒至洋蔥呈金黃焦糖色為止。
3. 加入香料粉大略拌炒。再加入番茄拌炒至軟爛後，加入**1**拌炒至整體融合為止。
4. 倒入水煮至沸騰，再轉小火燉煮約10分鐘。
5. 加入雞肉繼續燉煮約10分鐘。燉煮時如果水量減少就再要補水（分量外），最後加入鹽調味即可。

印度咖哩

238 — 剛炸好的魚餅是絕品美味！擠上檸檬汁也好吃

炸魚餅

材料（4人份）

鱸魚（生魚片用）…250g
●事前水煮用的材料
　綠辣椒（縱切劃入幾道切口）…2根
　蒜頭（壓碎）…1瓣
　薑（壓碎）…1片
　鹽…1/2小匙
　胡椒…1/4小匙
　水…200ml
沙拉油…2大匙
洋蔥（切碎末）…1/2個
蒜頭（切碎末）…1瓣
薑（切碎末）…1片
綠辣椒（切碎末）…2根
●香料粉
　葛拉姆馬薩拉綜合香料…1/2小匙
　薑黃粉…1/3小匙
　辣椒粉…1/3小匙
鹽…1/2小匙
馬鈴薯（水煮後壓碎）…2～3個
蛋液…1個份
麵包粉…適量
油炸用油…適量

作法

1. 在鍋中放入鱸魚和事前水煮的所有材料加熱，煮至沸騰後蓋上鍋蓋以中火燉煮約5分鐘。取出鱸魚後稍微將魚肉撥散。
2. 在平底鍋中放入沙拉油以中火加熱，加入洋蔥、蒜末、薑末和綠辣椒末，拌炒至洋蔥稍微上色為止。
3. 加入鱸魚肉拌炒至收乾水分後加入香料粉和鹽。
4. 加入馬鈴薯，一邊將馬鈴薯壓成薯泥一邊將整體混合攪拌。有需要的話可以加入鹽（分量外）調味。
5. 將魚餅餡取出分成8等分再整成圓形。沾滿蛋液後再裹上麵包粉，放入170℃的油鍋中炸2～3分鐘。

239 — 充滿香菜香氣的麻辣滋味和Q彈蝦子是絕品美味！

鮮蝦馬薩拉

材料（4人份）

●醬料用材料
　蒜頭（磨泥）…1瓣
　薑（磨泥）…1/2片
　醋…2大匙
　鹽…1/2小匙
●香料粉
　薑黃粉…1/2小匙
　辣椒粉…1/3小匙
　孜然粉…1小匙
　胡荽粉…2小匙
　肉桂粉…1/2小匙
沙拉油…2大匙
芥末籽…1/2小匙
洋蔥（切細絲）…1/2個
蝦子（班節蝦，去殼後挑出背部腸泥）…10隻
香菜（切大段）…適量

作法

1. 在調理盆中放入醬料用材料和香料粉，充分混合攪拌。
2. 在鍋中放入沙拉油以中火加熱，加入芥末籽拌炒至氣泡聲趨緩。再加入洋蔥拌炒至上色為止。
3. 把1的醬料加進2中拌炒混合。再加入蝦子拌炒至熟透後加入香菜。有需要的話可以加入少許鹽（分量外）調味。

印度咖哩

240 — 讓人滿身大汗的香辣料理！
乾炒香辣羊肉

材料（4人份）

油…2大匙
洋蔥（切細絲）…1個
蒜頭（磨泥）…2瓣
薑（磨泥）…1片
綠辣椒（切細絲）…3根
薑黃粉…1小匙
鹽…1小匙
番茄（切大塊）…1個
羊肉（切成3～4cm塊狀）…500g
水…200ml
● 香料油
　沙拉油…3大匙
　粗磨胡椒粒…1小匙
　粗磨孜然籽…1/2小匙
　蒜頭（切細絲）…1瓣
　綠辣椒（切粗絲）…3根
　紅辣椒…5根
● 香料粉
　葛拉姆馬薩拉綜合香料…1小匙
　胡荽粉…1小匙
　辣椒粉…1/2小匙
　薑黃粉…1/3小匙
檸檬汁…1大匙

作法

1. 在鍋中放入油加熱後，加入洋蔥拌炒至軟化。再加入蒜泥、薑泥和綠辣椒絲繼續拌炒。
2. 拌炒至洋蔥稍微上色後加入薑黃粉和鹽，混合攪拌之後再加入番茄。
3. 拌炒至番茄軟爛後加入羊肉和水，以小火燉煮約40分鐘。
4. 羊肉燉煮至柔軟後就先取出備用。
5. 【萃取香料油】在平底鍋中放入沙拉油以中火加熱，加入胡椒粒和孜然籽拌炒至散發出香氣為止。再加入蒜頭拌炒至上色後加入綠辣椒和紅辣椒繼續拌炒。
6. 在5中加入羊肉和香料粉混拌，充分融合後倒入檸檬汁混合。需要的話可以加入鹽（分量外）調味。

印度咖哩

241 — 可以取代滷蛋的常備水煮蛋配菜
雞蛋馬薩拉

材料（4人份）

沙拉油…3大匙
芥末籽…1/2小匙
紅辣椒…4根
洋蔥（切細絲）…1/2個
蒜頭（切細絲）…3瓣
薑（切細絲）…2片
綠辣椒（斜切成薄片）…1根
● 香料粉
　胡荽粉…2小匙
　甜椒粉…1小匙
　辣椒粉…1/2小匙
　薑黃粉…1/3小匙
番茄（切大塊）…1個
椰奶…100ml
水…50ml
鹽…略少於1小匙
水煮蛋（縱切劃入約4道切口）…4個
香菜（切粗末）…適量

作法

1. 在鍋中放入沙拉油以中火加熱，加入芥末籽拌炒。待芥末籽的氣泡聲趨緩後加入紅辣椒，拌炒至上色為止。
2. 加入洋蔥拌炒至變得柔軟，再加入蒜絲、薑絲和綠辣椒片繼續拌炒。
3. 待洋蔥呈微焦淺褐色（參考P.17）後加入香料粉，繼續混合拌炒。
4. 加入番茄拌炒至變軟爛後加入椰奶、水、鹽和水煮蛋，讓整體混合後燉煮約5分鐘，再加入鹽（分量外）調味。最後完成時撒上香菜。

242 — 也可用雞腿肉！讓人想大口享用的美味雞肉
乾煎香辣雞肉

材料（4人份）

雞肉（帶骨，去皮後切大塊）…500g
胡椒鹽…少許
檸檬汁…1/2個份
蒜頭（1瓣磨成泥，其餘切細絲）…2瓣
薑（1/2片磨成泥，其餘切細絲）…1又1/2片
● 醃漬用香料
　辣椒粉…1/2小匙
　薑黃粉…1/2小匙
　葛拉姆馬薩拉綜合香料…1小匙
　甜椒粉…1小匙
沙拉油…4大匙
紅辣椒…6根
洋蔥（切細絲）…1/2個
綠辣椒（切細絲）…3根
● 香料粉
　胡荽粉…1大匙
　辣椒粉…1/2小匙
　薑黃粉…1/2小匙
　葛拉姆馬薩拉綜合香料…1小匙
　甜椒粉…1小匙
番茄（切大塊）…1個
鹽…1/2小匙
香菜（切大段）…適量

作法

1. 在調理盆中放入雞肉，撒上胡椒鹽並淋上檸檬汁。加入蒜泥和薑泥混合攪拌，再加入醃漬用香料充分混合。醃漬好後放入加熱至170℃的油（分量外）油炸3～4分鐘。
2. 在平底鍋中放入沙拉油加熱，加入紅辣椒大略拌炒再加入洋蔥拌炒。洋蔥變得柔軟後加入蒜絲和薑絲繼續拌炒。
3. 拌炒至洋蔥呈微焦淺褐色（參考P.17）後，加入綠辣椒大略拌炒。接著加入香料粉讓整體融合後，再加入番茄和鹽繼續拌炒。
4. 拌炒至番茄變軟爛後加入1的雞肉混拌。以鹽（分量外）調整味道，最後完成時加入香菜並稍微混合攪拌。

243 — 能享受到椰奶香氣的濃郁雞肉咖哩
馬拉巴雞肉咖哩

材料（4人份）

雞腿肉（切大塊）…600g
●醃漬用香料
　胡荽粉…1大匙
　薑黃粉…1/2小匙
　辣椒粉…1/2小匙
　胡椒粉…1/2小匙
鹽…2小撮
●醬料用材料
　細椰絲…50g
　孜然籽…1小匙
　洋蔥…30g
沙拉油…2大匙

A
　洋蔥（切碎末）…1個
　蒜頭（切碎末）…4瓣
　薑（切碎末）…1片
　綠辣椒（切碎末）…4根
　番茄（切碎末）…1個
　鹽…1小匙
　椰奶…400ml
　水…100ml

作法

1. 將雞肉放入保鮮袋，加入醃漬用香料和鹽混合攪拌。將醬料用材料和水（分量外）放入攪拌機攪打成糊狀。
2. 在鍋中放入沙拉油以中火加熱，加入 **1** 的雞肉、醬料與 **A**，煮至沸騰後轉小火燉煮約20分鐘。再加入鹽（分量外）調味即可。

印度咖哩

244 腰果椰奶燉煮雞肉

腰果醬和椰奶的濃醇滋味讓人停不下來！

材料（4人份）

雞腿肉（去皮後切成一口大小）…2片
優格…100g
腰果…50g
油…4大匙
●原型香料
　丁香…10粒
　小豆蔻…10粒
　肉桂棒…1根
　月桂葉…1片
洋蔥（切碎末）…1個
蒜頭（切碎末）…1瓣
薑（切碎末）…1片
綠辣椒（切碎末）…3根
●香料粉
　胡荽粉…2小匙
　葛拉姆馬薩拉綜合香料…1小匙
　孜然粉…1/2小匙
鹽…略少於1小匙
椰奶…200ml
水…50ml

作法

1. 將雞肉放入保鮮袋中，加入優格混合後放入冰箱冷藏醃漬約3小時備用。將腰果放入熱水（分量外）水煮3～5分鐘，變軟後和少許水（分量外）一起放入攪拌機中攪打成糊狀。
2. 在鍋中放入油以中火加熱，加入原型香料拌炒至散發香氣後加入洋蔥，繼續拌炒至洋蔥變軟為止。
3. 加入蒜末、薑末和綠辣椒末拌炒至整體上色為止。
4. 加入香料粉、鹽讓整體融合，再加入**1**的腰果糊大略拌炒。
5. 將雞肉連同醃漬液一起加入鍋中煮至融合，倒入椰奶和水轉大火煮至沸騰後，蓋上鍋蓋轉小火燉煮約10分鐘，煮的期間要不時攪拌。
6. 雞肉熟透後打開鍋蓋，有需要的話可以加入鹽（分量外）調味。

245 讓人上癮的辣味！很適合配啤酒的必備下酒菜
印度65號香辣炸雞

材料（4人份）

雞腿肉（去皮後切成一口大小）…400g

A
- 胡椒鹽…少許
- 蒜頭（磨泥）…2瓣
- 薑（磨泥）…1片

片栗粉…2小匙
蛋液…1個份
油炸用油…適量
油…2大匙
孜然籽…1小匙

B
- 蒜頭（切碎末）…1瓣
- 薑（切碎末）…1片
- 綠辣椒（切碎末）…2根

●香料粉
- 辣椒粉…1/3小匙
- 甜椒粉…1小匙
- 孜然粉…1/2小匙
- 胡椒粉…1小匙

鹽…適量
砂糖…2小匙
番茄泥…3大匙
香菜（切碎末）…適量

作法

1. 將雞肉用A搓揉調味。裹上片栗粉後放入蛋液混拌，再放入190℃的油鍋中油炸3～4分鐘。
2. 在平底鍋中放入油以中火加熱，加入孜然籽拌炒至稍微上色。
3. 加入B拌炒至蒜末稍微上色。
4. 加入香料粉、鹽和砂糖讓整體融合。
5. 加入番茄泥煮至沸騰，再加入1和香菜混合攪拌，以鹽（分量外）調味即可。

246 鮮亮的黃色咖哩！芋頭黏稠柔軟的口感讓人上癮
南印優格椰香咖哩

材料（4人份）

A
- 小芋頭（切成一口大小）…500g
- 蒜頭（切細絲）…1瓣
- 薑（切細絲）…1片
- 綠辣椒（切成4等分）…3根
- 水…200ml
- 鹽…1小匙
- 薑黃粉…1/2小匙
- 洋蔥（切細絲）…1/3個

細椰絲…50g
孜然籽…1小匙
優格…200g

●香料油
- 沙拉油…2大匙
- 芥末籽…1/2小匙
- 紅辣椒…4根
- 辣椒粉…1/8小匙

作法

1. 在鍋中放入A以大火加熱，沸騰後蓋上鍋蓋轉小火燉煮約5分鐘。
2. 將細椰絲、孜然籽和少許水（分量外）放入攪拌機中攪打成糊狀。
3. 在1的鍋中加入2，以中火燉煮約5分鐘。
4. 待小芋頭煮熟之後就關火，加入充分拌勻的優格。
5. 【萃取香料油】在較小的平底鍋中放入沙拉油以中火加熱，加入芥末籽，待其氣泡聲趨緩後加入剩下的其他香料，拌炒至香料上色為止。
6. 在4的鍋中加入5充分攪拌混合，再加入鹽（分量外）調味即可。

247 — 羅望子的酸味和醇厚滋味和茄子的甜味非常搭

南印茄子咖哩

材料（4人份）

A
- 芥末籽…1/2小匙
- 胡椒粒…1/2小匙
- 紅辣椒…4根

沙拉油…4大匙
蒜頭（拍碎）…2瓣
細椰絲…50g
芥末籽…1/2小匙
紅辣椒…2根

洋蔥（切細絲）…1/2個
薑黃粉…1/2小匙
胡荽粉…1大匙
鹽…1小匙
羅望子（以200ml溫水泡發備用）…10g
茄子（切成長方形片狀）…4根

作法

1. 將平底鍋以中火熱鍋後加入 **A**，乾炒至稍微上色。取出鍋中香料後倒入1大匙沙拉油加熱，加入蒜頭和細椰絲拌炒至些許上色。將 **A** 加回鍋中混合攪拌之後放入攪拌機中攪打成糊狀，有需要的話可以再倒入少許水（分量外）。
2. 在平底鍋中放入3大匙沙拉油以中火加熱，加入芥末籽拌炒直到氣泡聲趨緩後，再加入紅辣椒大略拌炒。
3. 加入洋蔥以中火拌炒至洋蔥邊緣上色。再加入薑黃粉、胡荽粉與鹽大略拌炒。接著加入 **1** 的香料糊混拌至整體融合。
4. 在溫水中將羅望子像要取出種子般用手搓揉，用篩網將汁液濾到 **3** 的鍋中再燉煮約7～8分鐘。
5. 加入茄子蓋上鍋蓋燉煮4～5分鐘，再加入鹽（分量外）調味即可。

248 — 辣味溫和、以白蘿蔔為主角的白色咖哩

南印椰奶燉煮咖哩

材料（4人份）

白蘿蔔（去皮後切成一口大小）…600g
綠辣椒（縱切劃入切口）…2根
鹽…1/2小匙
水…200ml
椰奶…200ml
紅腰豆（水煮）…150g

●香料油
沙拉油…1大匙
紅辣椒…1根

作法

1. 在鍋中放入白蘿蔔、綠辣椒、鹽和水以中火加熱，沸騰後再轉小火燉煮7～8分鐘。
2. 加入椰奶和紅腰豆轉大火加熱，沸騰後再轉小火燉煮約5分鐘。
3. 【萃取香料油】在較小的平底鍋中放入沙拉油以小火加熱，加入紅辣椒拌炒至上色後加入 **2** 的鍋中。攪拌到油脂充分融合後再加入鹽（分量外）調味即可。

249 ── 白蘿蔔口感鬆軟，是滋味清爽的咖哩
南印桑巴湯

材料（4人份）

小扁豆⋯100g
薑黃粉⋯1小匙
羅望子（用500ml溫水泡發備用）
⋯15g
白蘿蔔（切成長方形片狀）⋯1/3根
洋蔥（切成一口大小）⋯1/2個
番茄（切成一口大小）⋯1個
茄子（切成長方形片狀）⋯2根
辣椒粉⋯1/2小匙
胡荽粉⋯1大匙
鹽⋯適量

●香料油
沙拉油⋯3大匙
芥末籽⋯1小匙
紅辣椒⋯2根
洋蔥（切碎末）⋯1/8個（2大匙）
辣椒粉⋯1/4小匙
香菜（切大段）⋯適量

作法

1. 在鍋中放入大量熱水（分量外）煮至沸騰，加入小扁豆和薑黃粉煮至變成糊狀為止。
2. 另外準備一個鍋子，在溫水中將羅望子像要取出種子般用手搓揉，用篩網將汁液濾到鍋中。加入白蘿蔔、洋蔥和番茄後燉煮至蔬菜熟透。
3. 加入茄子、辣椒粉、胡荽粉、鹽和 1，混拌至融合。
4. 【萃取香料油】在平底鍋中放入沙拉油熱鍋，加入芥末籽直到氣泡聲趨緩後加入紅辣椒。接著加入洋蔥以中火拌炒至呈金黃焦糖色，再加入辣椒粉攪拌至融合。
5. 在 3 的鍋中加入 4 混合，接著加入香菜後再以鹽（分量外）調味。

250 ── 秋葵和優格組合成滋味清爽的咖哩
秋葵優格咖哩

材料（4人份）

沙拉油⋯3大匙
芥末籽⋯1/2小匙
孜然籽⋯1/2小匙
洋蔥（切粗末）⋯1/2個
蒜頭（切粗末）⋯1瓣
薑（切粗末）⋯1片
秋葵（切成寬1cm段）⋯8根
薑黃粉⋯1/2小匙

優格（和100ml水充分混合拌勻）
⋯300g
鹽⋯適量

作法

1. 在鍋中放入沙拉油以中火加熱，加入芥末籽和孜然籽，拌炒至芥末籽的氣泡聲趨緩為止。
2. 加入洋蔥、蒜末和薑末拌炒至變軟之後，再加入秋葵和薑黃粉拌炒。
3. 秋葵熟透後加入優格和鹽並轉小火，在不煮沸的狀態下燉煮4～5分鐘。再加入鹽（分量外）調味即可。

251 — 菠菜的甜味和口感都很美妙的香料拌炒料理
椰香炒菠菜

材料（2人份）

芝麻油…2大匙
紅辣椒…3根
芥末籽…略少於1/2小匙
孜然籽…1/2小匙
蒜頭（切碎末）…1瓣
菠菜（根部切碎末，葉子和莖部切成寬3cm段）…6株份（120g）
細椰絲…略多於1大匙
鹽…1/2小匙

作法

1. 在鍋中放入芝麻油以中火加熱，加入紅辣椒和芥末籽拌炒。待芥末籽的氣泡聲趨緩後加入孜然籽，馬上再加入蒜末和菠菜根拌炒至散發出香氣為止。
2. 加入菠菜葉和莖部、細椰絲與鹽後蓋上鍋蓋以中火加熱，一邊搖晃鍋子讓整體均勻熟透。
3. 打開鍋蓋，轉大火將整體快速拌炒混合。

252 — 蔬菜末的拌炒料理（Thoran）是以小火慢煮保留鮮甜風味
南印椰香炒高麗菜

材料（4人份）

●椰子糊
　蒜頭…4瓣
　薑…1片
　綠辣椒…2根
　細椰絲…30g
　孜然籽…1小匙
油…1大匙
芥末籽…1小匙
小粒鷹嘴豆…1大匙
紅辣椒…3根
洋蔥（切碎末）…1/2個
鹽…1小匙
薑黃粉…1/2小匙
高麗菜（切粗絲）…1/4個

作法

1. 把椰子糊的所有材料和少許水（分量外）放入攪拌機中，攪打成顆粒較粗的糊狀。
2. 在平底鍋中放入油以中火加熱，加入芥末籽拌炒至氣泡聲趨緩，再加入小粒鷹嘴豆和紅辣椒拌炒至散發出香氣為止。
3. 加入洋蔥拌炒直到變軟，再加入1/2小匙的鹽以及薑黃粉，混合攪拌至整體融合。
4. 待洋蔥邊緣開始出現焦色後就加入**1**的椰子糊大略拌炒。
5. 加入剩下的1/2小匙的鹽和高麗菜混合攪拌直到融合，蓋上鍋蓋轉小火加熱2～3分鐘。高麗菜熟透後加入鹽（分量外）調味即可。

253 羅望子蔬菜湯

酸味明顯的清爽滋味。也很適合搭配其他咖哩享用

材料（4人份）

● 原型香料
　孜然籽…1小匙
　胡椒粒…1小匙
羅望子（用100ml溫水泡發備用）…30g
水…1ℓ
番茄（切大塊）…1個
綠辣椒（縱切劃入幾道切口）…3根
蒜頭（拍碎）…2瓣
● 香料粉
　辣椒粉…1小匙
　薑黃粉…1/2小匙
鹽…2小匙
● 香料油
　沙拉油…2大匙
　芥末籽…1小匙
　紅辣椒…3根
　印度綠扁豆…2小匙
香菜（切大段）…1株

作法

1. 在較小的平底鍋中放入原型香料以中火乾炒。拌炒至孜然籽上色後就取出並稍微壓碎。

2. 在溫水中將羅望子像要取出種子般用手搓揉，用篩網將汁液濾到另一個鍋中。將**1**、水、番茄、綠辣椒、蒜頭和香料粉加入鍋中以大火加熱，煮至沸騰後蓋上鍋蓋轉小火燉煮約15分鐘，加入鹽。

3. 【萃取香料油】在較小的平底鍋中放入沙拉油以中火熱鍋，加入芥末籽蓋上鍋蓋。待芥末籽的氣泡聲趨緩後加入紅辣椒和綠扁豆，拌炒至綠扁豆稍微上色為止。

4. 將**3**一口氣加入**2**的鍋中，加入香菜稍微混拌一下。有需要的話可以加入鹽（分量外）調味。

印度咖哩

254 魚肉咖哩

魚類高湯和羅望子的酸味無比契合！

材料（4人份）

沙拉油…4大匙
洋蔥（切細絲）…1個
蒜頭（切細絲）…3瓣
薑（切細絲）…3片
綠辣椒（切細絲）…4根
●香料粉
　胡荽粉…1大匙
　葫蘆巴粉…1/2小匙
　薑黃粉…1/2小匙
　辣椒粉…1/2小匙
羅望子（用600ml溫水泡發備用）…20g
番茄（切大塊）…1個
鹽…1小匙
魚（鰤魚的魚肉片）…1/2條份
●香料油
　沙拉油…2大匙
　芥末籽…1/2小匙
　紅辣椒…2根

作法

1. 在鍋中放入沙拉油以中火加熱，加入洋蔥拌炒至變軟後加入蒜絲、薑絲和綠辣椒絲拌炒。
2. 將洋蔥拌炒至呈微焦淺褐色（參考P.17）後加入香料粉大略拌炒。
3. 在溫水中將羅望子像要取出種子般用手搓揉，用篩網將汁液濾到鍋中。加入番茄和鹽煮至沸騰，蓋上鍋蓋轉小火燉煮約10分鐘。
4. 加入魚肉轉大火煮至沸騰後再轉小火，蓋上鍋蓋燉煮約10分鐘。
5. 【萃取香料油】在平底鍋中加入沙拉油以小火熱鍋，放入芥末籽待其氣泡聲趨緩後，加入紅辣椒大略拌炒。
6. 把5加入4的鍋中攪拌融合，再加入鹽（分量外）調味即可。

255 香煎魚塊

煎得又脆又香，非常適合配飯享用

材料（4人份）

竹莢魚（處理乾淨後在兩面劃入切口）…4條
胡椒鹽…少許
●醬料用材料＆香料
　蒜頭（磨泥）…1瓣
　薑（磨泥）…1/2片
　檸檬汁…1/2個份
　鹽…1/2小匙
　薑黃粉…1/2小匙
　甜椒粉…1小匙
　胡荽粉…1小匙
　辣椒粉…1/2小匙
油…4大匙

作法

1. 擦乾竹莢魚的水分，撒上胡椒鹽。
2. 將醬料用材料和香料放進調理盆中充分混合均勻，把醬料抹在竹莢魚兩面上並放進冰箱冷藏醃漬約1小時。
3. 在平底鍋中放入油以中火加熱，加入竹莢魚蓋上鍋蓋，期間不斷翻面將兩面煎4～5分鐘。

印度咖哩

256 — 番茄和檸檬的清爽酸味所做出的美味魚肉咖哩
椰奶魚肉咖哩

材料（4人份）

竹莢魚（處理乾淨）
A ｜ 胡椒鹽…少許
　｜ 薑黃粉…少許
　｜ 檸檬汁…1/2個份
沙拉油…5大匙
小豆蔻…5粒
肉桂棒…適量
洋蔥（切細絲）…1個
綠辣椒（切細絲）…6根
蒜頭（切細絲）…1瓣
薑（切細絲）…1片
●香料粉
　薑黃粉…1/2小匙
　胡荽粉…1小匙
　葫蘆巴粉…1小匙
水…200ml
椰奶…200ml
鹽…略少於1小匙
醋…2小匙
番茄（切大塊）…1個
●香料油
　沙拉油…1大匙
　芥末籽…1/3小匙
　紅辣椒…4根

作法

1. 在竹莢魚抹上 **A** 搓揉入味，在平底鍋中放入2大匙沙拉油以中火加熱，將竹莢魚兩面稍微煎過後取出。
2. 在另一鍋中放入3大匙沙拉油以中火加熱，加入小豆蔻和肉桂拌炒至散發出香氣。再加入洋蔥拌炒至變軟後加入綠辣椒絲、蒜絲和薑絲，繼續拌炒至洋蔥稍微上色。
3. 加入香料粉攪拌混合後倒入水，蓋上鍋蓋燉煮約5分鐘。
4. 加入 **1**、椰奶、鹽和醋煮至沸騰，轉小火燉煮7～8分鐘後加入番茄。
5. 【萃取香料油】在平底鍋中放入沙拉油以小火熱鍋，加入芥末籽待其氣泡聲趨緩後加入紅辣椒大略拌炒。
6. 在 **4** 的鍋中加入 **5** 攪拌融合，再加入鹽（分量外）調味即可。

印度咖哩

257 — 燜煎出口感蓬鬆柔軟的鋁箔紙包魚
燜煎魚肉

材料（4人份）

魚（使用鰤魚，切成方便食用的大小）…400g
胡椒鹽…少許
●醬料用材料
　洋蔥（切碎末）…1/2個
　綠辣椒（切碎末）…3根
　蒜頭（磨泥）…1瓣
　薑（磨泥）…1/2片
　鹽…略多於1/2小匙～
　檸檬汁…1大匙
　甜椒粉…1小匙
　薑黃粉…1/2小匙
　辣椒粉…1/2小匙
　沙拉油…2大匙
　水…少許

作法

1. 在魚肉撒上胡椒鹽。在調理盆中放入所有醬料用材料混合攪拌，試試看味道，有需要的話可以加入少許鹽。
2. 在對折的鋁箔紙半邊塗上薄薄一層 **1** 的醬料，放上魚肉再塗上滿滿的醬料。將鋁箔紙對折，邊緣也全部往內折起密封。
3. 將平底鍋以中火加熱，放入 **2** 蓋上鍋蓋煎製，將兩面各煎約7～10分鐘直到魚肉完全熟透為止（依照魚肉的厚度調整加熱時間）。

258 — 雞肉的鮮味融入湯汁，能享受清爽滋味的一道料理
椰奶雞肉咖哩

材料（2人份）

油⋯2大匙
芥末籽⋯略少於1小匙
紅辣椒⋯3根
孜然籽⋯1/2小匙
洋蔥（切薄片）⋯1/2個
蒜頭（磨泥）⋯1瓣
薑（磨泥）⋯1片

●香料粉
　薑黃粉⋯略少於1小匙
　胡荽粉⋯略多於1小匙
鹽⋯1又1/2小匙
水⋯100ml
雞腿肉（去皮後切成一口大小）
　⋯350g
椰奶⋯250ml

作法

1. 在鍋中放入油和芥末籽、紅辣椒以小火加熱，拌炒至芥末籽的氣泡聲趨緩為止。再加入孜然籽大略拌炒後馬上加入洋蔥混合拌炒。
2. 拌炒至洋蔥略呈金黃焦糖色後，加入蒜泥和薑泥大略混合拌炒。
3. 加入香料粉和鹽混合攪拌，倒入水轉大火煮至沸騰。加入雞肉後蓋上鍋蓋，轉小火燉煮約5分鐘。
4. 打開鍋蓋倒入椰奶，轉大火煮至沸騰後再轉小火燉煮約3分鐘。

259 — 如奶油燉菜般滋味溫和圓潤的椰奶咖哩
喀拉拉奶油燉菜

材料（4人份）

奶油⋯30g
●原型香料
　小豆蔻⋯10粒
　丁香⋯10粒
　肉桂棒⋯1根
馬鈴薯（切成一口大小）⋯2個
紅蘿蔔（切成一口大小）⋯1/2根
水⋯400ml
雞腿肉（去皮後切成一口大小）
⋯1片

薑（切薄片）⋯2片
綠辣椒（縱切劃入切口）⋯1根
椰奶⋯400ml
四季豆（切成寬2cm段）⋯50g
洋蔥（切成一口大小）⋯1個
鹽⋯1小匙

作法

1. 在鍋中放入奶油以中火加熱，加入原型香料拌炒至小豆蔻膨脹為止，再加入馬鈴薯和紅蘿蔔大略拌炒後倒入水。煮至沸騰轉小火燉煮4～5分鐘。
2. 加入雞肉、薑片和綠辣椒轉大火煮至沸騰後，再轉小火燉煮2～3分鐘。
3. 加入椰奶、四季豆和洋蔥轉大火煮至沸騰後，再轉小火燉煮約5分鐘，加入鹽。如果需要的話再加入鹽（分量外）調味。

260 溫達盧豬肉咖哩

慢火燉煮出的柔軟豬肉中帶有酸味的咖哩

材料（4人份）

豬肉（里肌肉，切成一口大小）…400g
● 醃漬液
　蒜頭（磨泥）…1瓣
　薑（磨泥）…1/2片
　白酒…2大匙
　鹽…1/2小匙
　薑黃粉…1小匙
● 溫達盧風味醬料
　油…2大匙
　肉桂棒…1根
　丁香…20粒
　紅辣椒…10根
　蒜頭（切碎末）…1瓣
　葡萄酒醋…100ml
沙拉油…4大匙
洋蔥（切碎末）…1個
番茄（切大塊）…1個
● 香料粉
　胡荽粉…1大匙
　甜椒粉…1大匙
　孜然粉…1小匙
砂糖…1小匙
鹽…1小匙
水…300ml
椰奶…100ml

作法

1. 將豬肉和醃漬液的材料混合攪拌後，放入冰箱冷藏約1小時使其入味。
2. 【溫達盧風味醬料】在鍋中放入油以小火加熱，加入肉桂棒、丁香和紅辣椒大略拌炒。再加入蒜末拌炒至呈金黃焦糖色後關火，稍微放涼。冷卻後倒入葡萄酒醋再放入攪拌機中，一邊補足水分（分量外）邊攪打成糊狀。
3. 另取一鍋放入沙拉油以中火加熱，加入洋蔥拌炒至呈微焦淺褐色（參考P.17）後加入番茄，拌炒至番茄變得軟爛。再加入香料粉、砂糖和鹽大略拌炒。
4. 加入1的豬肉拌炒至表面稍微上色後加入2，拌炒至整體均勻融合為止。
5. 倒入水和椰奶轉大火，煮至沸騰後蓋上鍋蓋，轉小火燉煮約1小時。再加入鹽（分量外）調味即可。

印度咖哩

Tin Pan Column

關於 Nair 善己

在咖哩食譜開發專家集團「Tin Pan Curry」中負責「南印度咖哩」部門。負責蒐集、研發南印度咖哩食譜。他還有另一個身分是東京銀座開業70多年、日本最早的印度料理店「Nair's Restaurant」第三代店主。是日本印度料理界中血統最純正的一位主廚。

Nair善己的祖父A.M.Nair先生誕生於印度南部喀拉拉邦，是參與印度獨立運動的革命家。而Nair善己本人則曾在印度果阿邦料理修行1年。他一邊在五星級飯店的餐廳工作，一邊去上料理學校鍛鍊自己的能力。現在由他擔任社長的「Nair's Restaurant」中有許多技術絕佳的師傅，他們都是Nair善己活躍的左右手。也就是說他一邊經營餐廳，一邊打造出一個學習技巧的友善環境，能自由地向擁有豐富經驗的師傅請教。

Nair善己的料理技巧中最有特色的便是火候的運用。不管什麼食材，只要他一經手都能產生出超乎想像的香氣，整道料理開始散發出香味和光芒。此外他也是一位合格的葡萄酒侍酒師，更不能忽略他是知名餐廳的店主這件事。喜歡高雅的香氣且每天親自進廚房的Nair善己，會做出順應客人期待的美味咖哩。
（水野仁輔）

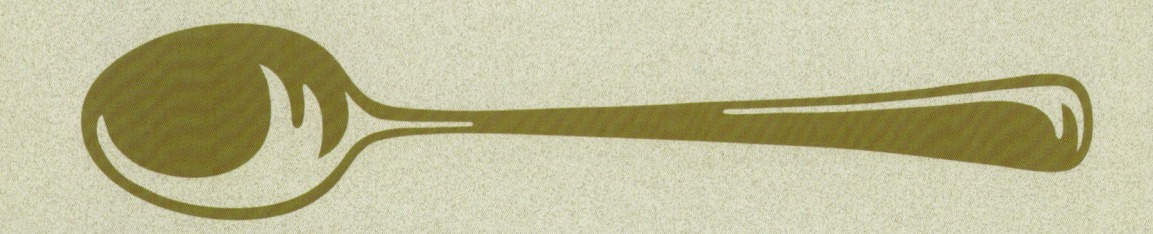

Part 5

世界咖哩・其他咖哩

包含泰國等東南亞國家，
世界各地都有咖哩料理。當然日本也有。
可以透過各國咖哩來趟舌尖之旅，
也可好好享受即食咖哩或咖哩粉的全新魅力。
剛炸好的咖哩麵包更是好吃到升天！

261 咖哩麵包

在家做的話就隨時能吃到現炸美味！

日本

世界咖哩・其他咖哩

材料（3個份）

鬆餅粉…100g
高筋麵粉…50g

A
- 鹽…1小匙
- 速發乾酵母…1小匙
- 橄欖油…1又1/2大匙
- 牛奶…40ml
- 水…35ml

● 麵衣
  蛋液…1個份
  麵包粉…適量
咖哩…120g　→作法請參考 P.218
油炸用油…適量

作法

1 在保鮮袋中放入鬆餅粉和高筋麵粉混合。在耐熱容器中放入 **A** 混合後包上保鮮膜，放進微波爐中加熱30秒。

2 在 **1** 的袋子中放入加熱後的材料，在袋中留下一些空氣後密合袋口。

世界咖哩・其他咖哩

3 以像要把袋子兩角往內壓般，用大拇指、食指與中指3根手指搓揉混合。

4 不斷以同樣的方式搓揉混合直到沒有粉粒為止。

> **POINT 1**
> 偶爾邊改變方向，同時由外向內搓揉會比較好混合。

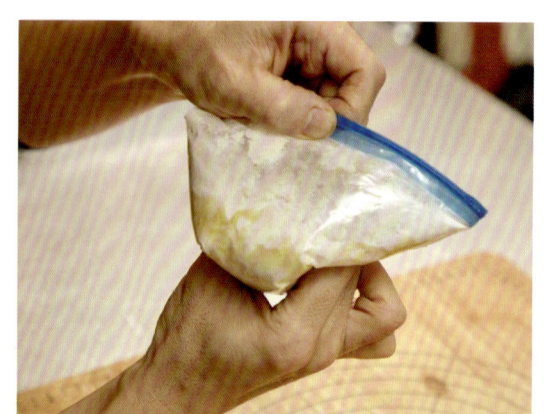

5 粉類完全融合後打開袋口，邊將麵團壓平邊將空氣排出。再次封住袋口，放置約10分鐘讓麵團鬆弛。

6 等到麵團鬆弛結束後再以和**3**相同的方式揉捏。

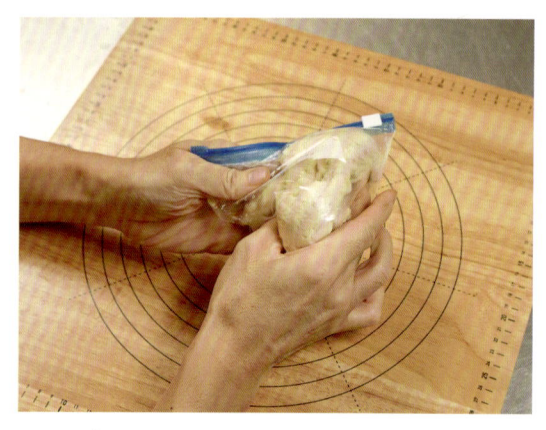

7 不斷揉捏直到麵團表面不會再黏在袋子上為止。

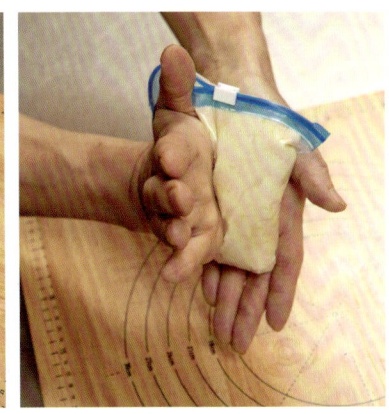

8 在木板上撒上一些高筋麵粉（分量外）當作手粉，從袋子中取出麵團放到板子上，用電子秤秤量分成3等分。

> **POINT 2**
> 如果手邊有照片中的刮板，在切割麵團時會比較方便。

9 將切分好的麵團分別整圓。

> **POINT 3**
> 從上往下以舀水般的手勢整成圓柱狀即可。

10 用擀麵棍輕輕壓出麵團的空氣並擀成長約10cm×寬約8cm的橢圓形。

11 Ⓐ在每一份麵團上放上40g的咖哩，用手指拉起麵團兩端包覆起來。Ⓑ首先貼合上方的麵團。Ⓒ一邊確認咖哩不會漏出一邊將麵團一點點地延展，也收合左右兩邊的部分。Ⓓ包好後邊留意收口處邊稍微滾圓，做成檸檬般的形狀。

POINT 4
咖哩事先放進冰箱冷藏會比較好包入。

12 小心地將整好形狀的麵團依序裹上蛋液跟麵包粉，沾附好麵衣。沾裹好後將麵團收口處朝下放到調理盤中。

13 為了避免油炸時裂開，用牙籤或竹籤在麵團上戳出1～2個洞。

14 在鍋中將油加熱到170℃之後放入麵團油炸。

> **POINT 5**
> 油炸用油的分量大約是能將麵團一半浸泡於其中即可。

15 單面油炸約2分鐘後翻面，再油炸約2分鐘。此時再次用牙籤或竹籤等戳刺麵包排出空氣。

16 炸好後放在墊著調理盤的網架上瀝乾多餘的油。

| 製作秘訣 |

咖哩麵包餡料的作法

包在麵包中的咖哩不管使用哪種類型都可以。但比較建議使用水分較少的肉末咖哩，在這裡介紹用微波爐就能製作的簡單食譜。

材料（3個份）

橄欖油…1大匙
蒜頭（磨泥）…1/2小匙（也可使用軟管裝蒜泥）
薑（磨泥）…1/2小匙（也可使用軟管裝薑泥）
洋蔥（切粗末）…1/4個
牛豬混合絞肉…100g
番茄泥…2大匙
咖哩塊…1人份（1小塊）

1 在耐熱容器中放入橄欖油、蒜泥、薑泥和洋蔥充分攪拌，放進微波爐中加熱2分30秒。

2 加入絞肉和番茄泥充分混合攪拌。

3 讓**2**的正中央呈現凹陷狀，再放入微波爐加熱3分鐘。

4 在水分匯集的中央凹陷處中放入咖哩塊溶解混拌，再放進微波爐加熱1分鐘。

5 放入調理盤中攤平放涼。

POINT 如果不是用乾咖哩，而是用較黏稠或水分較多的即食咖哩製作咖哩麵包時，在100g的咖哩中加入1～2g麵包粉（以此為比例），在包裹時會比較好操作。

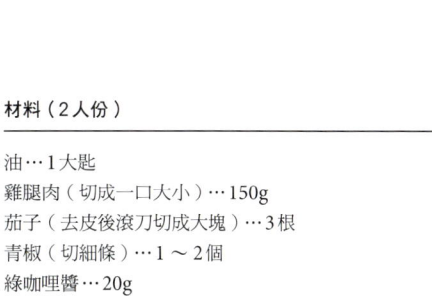

262 —— 用咖哩醬就能輕鬆製作！經典款泰式咖哩

綠咖哩
泰國

材料（2人份）

油…1大匙
雞腿肉（切成一口大小）…150g
茄子（去皮後滾刀切成大塊）…3根
青椒（切細條）…1〜2個
綠咖哩醬…20g
水…150ml
椰奶…150ml
魚露…1大匙
泰國檸檬葉…適量

作法

1 在鍋中放入油以中火加熱，加入雞肉、茄子跟青椒後拌炒約3分鐘。
2 加入綠咖哩醬和水混合攪拌，倒入椰奶轉大火煮至沸騰。
3 加入魚露和泰國檸檬葉轉小火燉煮約5分鐘。

263 —— 能充分享受豬肉的鮮甜和玉米筍的口感

黃咖哩
泰國

材料（2人份）

油…1大匙
豬肉（五花肉薄片，切成一口大小）…150g
玉米筍（水煮，縱切對半）…10根
黃咖哩醬…20g
水…100ml
椰奶…250ml
魚露…1大匙
泰國檸檬葉…適量

作法

1 在鍋中放入油以中火加熱，加入豬肉以及玉米筍拌炒約3分鐘。
2 加入黃咖哩醬和水混合攪拌，倒入椰奶轉大火煮至沸騰。
3 加入魚露和泰國檸檬葉轉小火燉煮約5分鐘。

世界咖哩・其他咖哩

264 紅咖哩
泰國

番茄的酸甜滋味緩讓辣味變得溫和而清爽

材料（2人份）

油…1大匙
雞腿肉…1片（250g）
紅咖哩醬…20g
水…100ml
椰奶…250ml
小番茄（切對半）…16個
魚露…1大匙
泰國檸檬葉…適量

作法

1. 在鍋中放入油以中火加熱，將雞肉皮面朝下放入鍋中煎至上色，翻面後再煎約2分鐘。充分熟透後取出，切成寬1cm的大小。
2. 在空鍋中放入紅咖哩醬和水以大火煮至沸騰，倒入椰奶轉小火大略燉煮。
3. 加入小番茄、魚露和泰國檸檬葉混合攪拌。將1的雞肉放回鍋中快速攪拌一下即完成。

265 瑪莎曼咖哩
泰國

鬆軟的馬鈴薯＆雞肉讓人上癮！

材料（2人份）

油…1大匙
雞腿肉（切成一口大小）…200g
花生…10g
馬鈴薯（切成較小的一口大小）…1大個
洋蔥（切月牙狀）…1/4個
黃咖哩醬…30g
●香料粉
　辣椒粉…1/2小匙
　葛拉姆馬薩拉綜合香料…1小匙
水…100ml
椰奶…250ml
梅乾（取下梅肉碾碎）…2個份
砂糖…1大匙
魚露…1大匙
泰國檸檬葉…適量

作法

1. 在鍋中放入油以中火加熱，加入雞肉和花生拌炒約3分鐘。
2. 加入馬鈴薯和洋蔥繼續拌炒約3分鐘。
3. 加入黃咖哩醬、香料粉和水混合攪拌後再煮約5分鐘，沸騰後加入剩下的所有材料，轉大火煮至沸騰再轉小火燉煮約10分鐘。

266 帕能咖哩
泰國

主角是肉類且微辣、溫和的一道

材料（2人份）

油…1大匙
牛肉（切成2cm×5cm棒狀）…200g
馬鈴薯（切成一口大小）…1個
洋蔥（切月牙狀）…1/2個
紅咖哩醬…20g
椰奶…300ml
砂糖…1/2小匙
魚露…1小匙
泰國檸檬葉…適量

作法

1. 在鍋中放入油以中火加熱，加入牛肉拌炒至上色。再加入馬鈴薯和洋蔥拌炒約3分鐘，接著加入咖哩醬混合攪拌。
2. 倒入椰奶煮至沸騰，再加入砂糖、魚露和泰國檸檬葉以中火燉煮約5分鐘。

267 叢林咖哩
泰國

加入大量肉類和蔬菜，顏色非常繽紛！

材料（2人份）

油…1大匙
紅辣椒…2根
雞腿肉（切成一口大小）…100g
鴻禧菇（分成小株）…150g
茄子（斜切片狀）…1根
四季豆（切成寬3cm段）…10根
紅咖哩醬…20g
水…250ml
雞高湯粉…1小匙
魚露…1大匙
香菜（切碎末）…適量

作法

1. 在鍋中放入油以中火加熱，加入紅辣椒和雞肉拌炒至整體上色為止。
2. 加入鴻禧菇、茄子和四季豆大略拌炒，再加入咖哩醬混合攪拌。
3. 倒入水轉大火煮至沸騰，加入雞高湯粉和魚露再轉小火煮約10分鐘。最後加入香菜混合攪拌即完成。

268 　將浸有軟糊茄子的湯汁做成泰式咖哩拉麵

泰北金麵咖哩
泰國

材料（2人份）

油…2大匙
中華油麵（生麵）…2袋
雞腿肉（切成一口大小）…200g
茄子（切滾刀塊）…1小根
紅咖哩醬…20g
水…300ml
調味用雞高湯顆粒…1小匙

椰奶…250ml
砂糖…少許
魚露…2小匙
羅勒…適量
泰國檸檬葉…5片（有的話）
檸檬（切月牙狀）
…2片（依喜好加入）

作法

1. 在鍋中放入油加熱，將1/4分量的中華油麵撥散後加入鍋中，油炸約30秒後取出備用。
2. 輕輕擦拭掉空鍋中過多的油，將雞肉和茄子放入鍋中以中火大略拌炒，加入咖哩醬混合攪拌。
3. 倒入水轉大火煮至沸騰，加入調味用雞高湯顆粒和椰奶，再轉小火燉煮約10分鐘。接著加入砂糖、魚露、羅勒和泰國檸檬葉混合攪拌。
4. 將剩下的中華油麵依照標示的方法水煮後盛入器皿中，倒入**3**的咖哩、放上**1**的中華油麵。依喜好配檸檬享用。

269 　在家重現馬來西亞人氣店鋪的滋味！

扁擔飯店的雞肉咖哩
馬來西亞

材料（2人份）

油…5大匙
●原型香料
　芥末籽…1小匙
　紅辣椒…2根
　八角…1/2個
　孜然籽…1/2小匙
洋蔥（切薄片）…1/4個
A
　蒜頭（磨泥）…1小匙
　薑（磨泥）…2小匙
　綠辣椒（切碎末）…1根
　新鮮咖哩葉…10片
　咖哩粉…略多於1大匙

B
雞肉（帶骨，切大塊）…250g
椰奶…1大匙
番茄罐頭…50g
原味優格…100g
水…200ml
鹽…略少於1小匙
砂糖…略少於1小匙
香蘭葉…10cm
泰國檸檬葉…約6片
香菜（將根部和葉片切碎末）
…1株

作法

1. 在鍋中放入油和芥末籽以大火加熱。待芥末籽開始發出氣泡聲時關火，加入其他原型香料混拌。
2. 加入洋蔥轉中火，不時攪拌並且半煎炸至呈金黃焦糖色為止，再加入**A**混合攪拌。
3. 加入**B**轉大火煮至沸騰，蓋上鍋蓋再轉小火燉煮約20分鐘。

270 — 質地清爽但滋味濃郁的經典斯里蘭卡咖哩

斯里蘭卡風雞肉咖哩
斯里蘭卡

材料（2人份）

油…2大匙
洋蔥（切薄片）…1/4個
蒜頭（磨泥）…1瓣
薑（磨泥）…1片
●原型香料
　咖哩葉…10片
　香蘭葉（5cm）…2片
雞腿肉（切成一口大小）
…300g
番茄（切大塊）…1/2小個

●香料粉
　烘焙過的咖哩粉
　…略多於1大匙
　薑黃粉…1/2小匙
　胡椒粉…1/2小匙
鹽…略少於1小匙
水…200ml
椰奶…2大匙

作法

1. 在鍋中放入油以中火加熱，加入洋蔥拌炒至呈金黃焦糖色。
2. 加入蒜泥、薑泥和原型香料拌炒混合，再加入雞肉、番茄、香料粉和鹽拌炒約3分鐘。
3. 倒入水轉大火煮至冒泡沸騰，接著倒入椰奶轉小火再燉煮約5分鐘。

271 — 彈牙的白肉魚吸滿湯汁，滋味療癒人心

斯里蘭卡風魚肉咖哩
斯里蘭卡

材料（2人份）

油…2大匙
●原型香料
　肉桂棒…3cm
　咖哩葉…10片
　香蘭葉（5cm）…1片
鱈魚片…300g

A
洋蔥（切薄片）…1/4個
番茄（切大塊）
…1/2小個
綠辣椒（斜切片狀）
…1根
蒜頭（切碎末）…1大匙
咖哩粉…1大匙
鹽…略少於1小匙

水…150ml
椰奶…100ml

作法

1. 在鍋中放入油、原型香料、鱈魚和**A**充分攪拌。
2. 倒入水開大火煮至沸騰，蓋上鍋蓋轉小火燉煮約5分鐘。
3. 打開鍋蓋倒入椰奶燉煮約5分鐘。

世界咖哩・其他咖哩

272 斯里蘭卡風蔬菜咖哩

蔬菜裹滿香料的乾炒配菜咖哩

斯里蘭卡

材料（2人份）

馬鈴薯（去皮後切成略小的一口大小）…2～3個
南瓜（去皮後切成略小的一口大小）…120g
紅蘿蔔（去皮後切成略小的一口大小）…1根
油…略多於1大匙
●原型香料
　棕色芥末籽…少許
　孜然籽…1/2小匙
洋蔥（切薄片）…1/4個
蒜頭（切碎末）…1瓣
●香料粉
　薑黃粉…少許
　胡椒粉…1/2小匙
　辣椒粉…1小匙
鹽…略少於1小匙
小魚乾…5小隻

作法

1. 在鍋中放入馬鈴薯、南瓜、紅蘿蔔與適量的水（分量外）後開大火加熱，煮至熟透。用篩網撈起後稍微放涼備用。
2. 在空鍋中放入油和原型香料以小火加熱，當芥末籽開始發出氣泡聲時就加入洋蔥和蒜末，以中火拌炒至洋蔥呈金黃焦糖色為止。
3. 把1的蔬菜再放回鍋中，加入香料粉、鹽和小魚乾之後拌炒混合。

273 斯里蘭卡風豆子咖哩

豆子的濃稠感讓人愛不釋口。每天都想吃的溫和滋味

斯里蘭卡

材料（2人份）

油…1大匙
●原型香料
　棕色芥末籽…1/4小匙
　紅辣椒…2根
　咖哩葉…10片
　香蘭葉（3cm）…1片
　肉桂棒…2cm
洋蔥（切薄片）…1/4小個
綠辣椒（斜切片狀）…1根
蒜頭（切碎末）…1瓣
綜合小扁豆（去皮）…90g
咖哩粉…1小匙
鹽…1小匙
水…600ml
椰奶…3大匙

作法

1. 在鍋中放入油以中火加熱，加入原型香料、洋蔥、綠辣椒與蒜頭大略拌炒。
2. 加入清洗後瀝除水分的小扁豆快速混拌，加入咖哩粉與鹽再混合攪拌約1分鐘。
3. 倒入水以大火煮至沸騰後倒入椰奶並轉為小火，煮至豆子變軟為止。

274 尼泊爾風雞肉咖哩

建議大口享用！連骨頭都煮軟的柔軟雞肉

尼泊爾

材料（2人份）

油…3大匙
洋蔥（切薄片）…1/4個
雞腿肉（帶骨，切大塊）
…300g
●香料粉
　薑黃粉…1/2小匙
　辣椒粉…1/2小匙
　孜然粉…1小匙
　葛拉姆馬薩拉綜合香料
　…1/2小匙
鹽…略少於1小匙
番茄（切大塊）…1/2個
蒜頭（磨泥）…1瓣
薑（磨泥）…1片
水…350ml

作法

1. 在鍋中放入油以中火加熱，加入洋蔥拌炒至呈金黃焦糖色為止。
2. 加入雞肉拌炒至整體表面上色。
3. 加入香料粉、鹽、番茄、蒜泥與薑泥混合攪拌。
4. 倒入水後以大火煮至沸騰，蓋上鍋蓋以小火燉煮約30分鐘即可。

275 尼泊爾風羊肉咖哩

充滿香氣的柔軟羊肉，讓人吃不膩的一道

尼泊爾

材料（2人份）

油…3大匙
洋蔥（切薄片）…1/4個
羊肉（切成一口大小）
…300g
番茄（切大塊）…1/2個
蒜頭（磨泥）…1瓣
薑（磨泥）…1片
●香料粉
　薑黃粉…1小匙
　孜然粉…1小匙
　辣椒粉…1/2小匙
　葛拉姆馬薩拉綜合香料
　…1小匙
鹽…略少於1小匙
水…350ml

作法

1. 在鍋中放入油以中火加熱，加入洋蔥拌炒至呈金黃焦糖色為止。
2. 加入羊肉大略拌炒過，再加入番茄、蒜泥、薑泥、香料粉與鹽混合攪拌。
3. 倒入水後以大火煮至沸騰，蓋上鍋蓋以小火燉煮約30分鐘即可。

276 — 收尾的香菜為濃郁的扁豆咖哩增添亮點！

🇳🇵 尼泊爾風豆子咖哩
尼泊爾

材料（2人份）

油…1大匙
孜然籽…1/2小匙
蒜頭（切碎末）…1瓣
●香料粉
　薑黃粉…1/2小匙
　葛拉姆馬薩拉綜合香料…少許
鹽…略少於1小匙
黑扁豆…70g
水…700ml
香菜（切碎末）…適量

作法

1. 在鍋中放入油以中火加熱，加入孜然籽、蒜末、香料粉和鹽大略拌炒，再加入黑扁豆混合攪拌，倒入水轉大火煮至沸騰。
2. 轉小火煮約45分鐘至豆子變軟後用打蛋器混合攪拌，邊將豆子壓碎邊煮至濃稠。最後完成時加入香菜混合攪拌。

---

277 — 很像日式燉牛肉！奶油的濃醇香氣讓人胃口大開

🇵🇰 巴基斯坦燉牛肉
巴基斯坦

材料（2人份）

奶油…40g
牛肉（切成一口大小）…300g
炸洋蔥…50g
蒜頭（磨泥）…1瓣
●香料粉
　葛拉姆馬薩拉綜合香料…2小匙
　辣椒粉…1/2小匙
鹽…略少於1小匙
水…600ml
麵粉…少許
薑（切細絲）…2片
香菜（切碎末）…適量

作法

1. 在鍋中放入奶油以中火加熱，加入牛肉稍微拌炒過。
2. 加入炸洋蔥、蒜泥、香料粉和鹽混合攪拌。
3. 倒入水轉大火煮至沸騰，蓋上鍋蓋轉小火燉煮約45分鐘。打開鍋蓋加入麵粉再大略燉煮。
4. 最後完成時加入薑絲和香菜混合攪拌。

278 孟加拉風魚肉咖哩

將顆粒芥末和鮭魚這個經典組合做成咖哩

孟加拉

材料（2人份）

芥籽油…2大匙
洋蔥（切薄片／磨成泥）…
各1/4個
蒜頭（磨泥）…2瓣
薑（磨泥）…2片

●香料粉
　薑黃粉…1/2小匙
　辣椒粉…1/2小匙
　胡荽粉…2小匙
鹽…1/2小匙
顆粒芥末醬…1大匙
水…200ml
鮭魚片…200g

作法

1. 在鍋中放入芥籽油以中火加熱，加入洋蔥片拌炒至稍微上色，再加入洋蔥泥拌炒約3分鐘。
2. 加入蒜泥和薑泥拌炒後，再加入香料粉、鹽和顆粒芥末醬混合攪拌。
3. 倒入水轉大火煮至沸騰，加入鮭魚轉小火煮至熟透即可。

---

279 緬甸風蝦仁咖哩

馬鈴薯吸滿蝦子高湯，鮮味大爆發的一道

緬甸

材料（2人份）

油…5大匙
洋蔥（磨泥）…1/4個
馬鈴薯（切成較小的一口大小）…1/2小個
蒜頭（磨泥）…1瓣
薑（磨泥）…1片
番茄（切大塊）…1/2個
花生（壓碎）…30g

●香料粉
　薑黃粉…1/2小匙
　辣椒粉…1/2小匙
　甜椒粉…1小匙
　葛拉姆馬薩拉綜合香料
　…1小匙
水…150ml
魚露…1大匙
蝦子（去殼後挑出背部腸泥）
…200g

作法

1. 在鍋中放入油以中火加熱，加入洋蔥和馬鈴薯拌炒至充分上色為止。
2. 加入蒜泥、薑泥、番茄和花生大略拌炒，再加入香料粉拌炒約1分鐘。
3. 倒入水轉大火煮至沸騰，接著倒入魚露蓋上鍋蓋轉小火燉煮約5分鐘。打開鍋蓋加入蝦子並煮至熟透即可。

世界咖哩・其他咖哩

280 瑪莎拉雞肉咖哩

滿滿奶油的咖哩醬汁裹住雞肉是犯規的美味

英國

材料（2人份）

雞腿肉（切成一口大小）⋯300g
●醃漬液
　蒜頭（磨泥）⋯1瓣
　薑（磨泥）⋯1片
　檸檬汁⋯少許
　砂糖⋯1小匙
　鹽⋯略少於1小匙
　咖哩粉⋯略多於1大匙
奶油⋯40g
番茄泥⋯1大匙
鮮奶油⋯200ml

作法

1. 在調理盆中放入雞肉和醃漬液的所有材料，充分搓揉醃漬。
2. 在鍋中放入奶油以中火加熱，將**1**的雞肉連同醃漬液一起加入鍋中，煮至沸騰後蓋上鍋蓋轉小火燉煮約5分鐘。
3. 打開鍋蓋之後加入番茄泥以及鮮奶油混合攪拌，再大略燉煮即可。

---

281 愛爾蘭酒吧雞肉咖哩

愛爾蘭酒吧流傳已久的簡單下酒菜咖哩

愛爾蘭

材料（2人份）

油⋯1大匙
洋蔥（切月牙狀）⋯1/2個
雞肉（切成一口大小）⋯250g
水⋯200ml
青豌豆（水煮）⋯固體50g
雞高湯粉⋯1小匙
咖哩塊⋯2人份

作法

1. 在鍋中放入油以中火加熱，加入洋蔥和雞肉拌炒至整體上色為止。
2. 倒入水轉大火煮至沸騰，加入青豌豆、雞高湯粉轉小火煮約5分鐘。
3. 加入咖哩塊攪拌溶解，再燉煮約5分鐘即可。

世界咖哩・其他咖哩

282 咖哩佐香腸

德國

> 香料風甜辣醬汁非常適合搭配酒體厚重的德國啤酒

材料（2人份）

香腸（劃入幾道切口）…12根
咖哩粉…2大匙
可樂…100ml
柳橙汁…50ml
番茄醬…3大匙

作法

1. 在平底鍋中放入香腸，煎至焦香後取出備用。
2. 在空的平底鍋中放入咖哩、可樂、柳橙汁和番茄醬，熬煮成咖哩番茄醬。
3. 將香腸盛入器皿中並淋上咖哩番茄醬，撒上少許咖哩粉（分量外）。

283 水果咖哩

瑞士

> 在咖哩中加入水果!?意外契合的滋味讓人上癮

材料（2人份）

奶油…30g
洋蔥（切月牙狀）…1/2個
蘋果（去皮後切薄片）…1/4個
牛肉（烤肉用）…100g
咖哩粉…1大匙
鹽…1/2小匙
水…150ml
雞高湯粉…略少於1小匙
香蕉（斜切片狀）…1/2根
鮮奶油…100ml

作法

1. 在鍋中放入奶油以中火加熱，加入洋蔥、蘋果和牛肉大略拌炒。
2. 加入咖哩粉和鹽混合攪拌，倒入水轉大火煮至沸騰，接著加入雞高湯粉和香蕉再轉小火煮約3分鐘。
3. 最後完成時倒入鮮奶油再煮約1分鐘即可。

世界咖哩・其他咖哩

284 — 吸收螃蟹湯汁的奢侈夢幻逸品

螃蟹咖哩
澳門

材料（2人份）

油…1大匙
蒜頭（切碎末）…1瓣
洋蔥（切薄片）…1/2個
螃蟹…2隻（250g）
咖哩粉…1大匙
水…200ml
雞高湯粉…2小匙
●勾芡水
　片栗粉…1大匙
　水…4小匙

作法

1. 在鍋中放入油以中火加熱，加入蒜末和洋蔥大略拌炒。
2. 加入螃蟹和咖哩粉混合攪拌，倒入水轉大火煮至沸騰，再加入雞高湯粉。蓋上鍋蓋轉小火燉煮約10分鐘。
3. 打開鍋蓋加入勾芡水後快速混合攪拌，加熱至產生濃稠感為止。

285 — 用羔羊肉取代山羊肉做出牙買加的人氣咖哩！

羊肉咖哩
牙買加

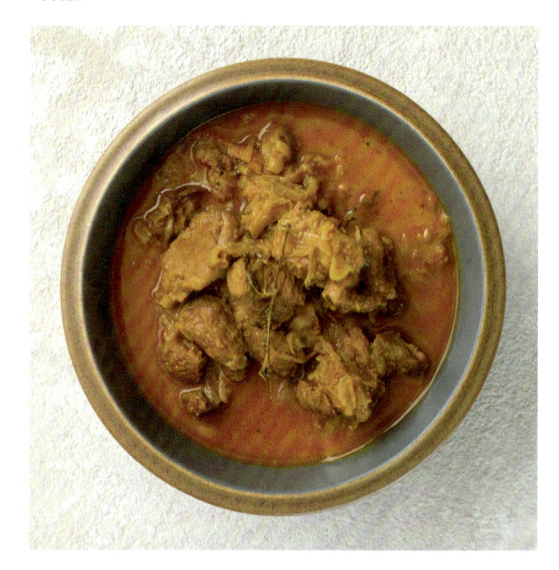

材料（2人份）

羊肉（切成一口大小）…300g
●醃漬液
　米醋…1大匙
　蒜頭（磨泥）…1瓣
　薑（磨泥）…1片
　長蔥（切圓片）…1根
　麵粉…少許
　雞高湯粉…少許
　咖哩粉…略多於1大匙
油…2大匙
水…200ml
百里香…1枝

作法

1. 將羊肉和醃漬液的材料放入鍋中混合攪拌，放置醃漬約20分鐘。
2. 在鍋中放入油加熱，以中火將肉的整體表面拌炒至上色。
3. 加入水和百里香轉大火煮至沸騰後蓋上鍋蓋，再轉小火燉煮約30分鐘。

世界咖哩・其他咖哩

286 咖哩魚頭

超有震撼力！充分融入魚肉鮮味的湯汁特別美味

新加坡

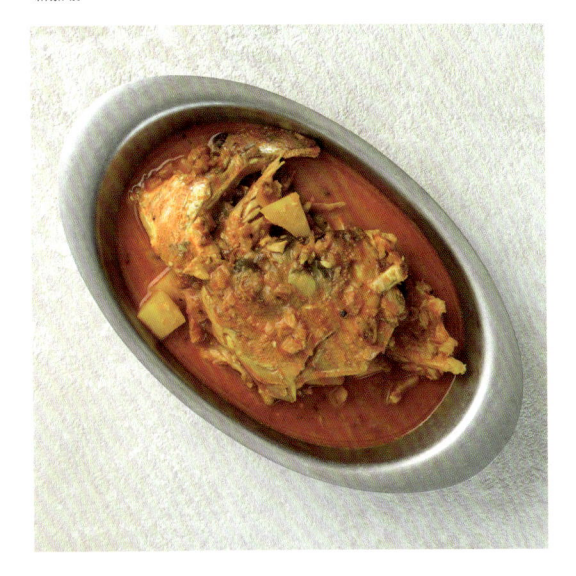

材料（2人份）

魚頭（鯛魚）…1條份
油…2大匙
洋蔥（切碎末）…1/2個
蒜頭（磨泥）…2瓣
薑（磨泥）…2片
●香料粉
　薑黃粉…2小匙
　辣椒粉…1小匙
　孜然粉…1小匙
　胡荽粉…2小匙

A｛
馬鈴薯（切成略小的一口大小）…1個
整顆番茄罐頭（壓碎）…1/4罐
水…350ml
椰奶…100ml
魚露…1小匙

作法

1. 在鍋中放入大量熱水（分量外）煮至沸騰，加入魚頭汆燙去除腥味，用篩網撈起備用。
2. 在鍋中放入油以中火加熱，加入洋蔥、蒜泥和薑泥拌炒約10分鐘。
3. 加入香料粉大略混合拌炒，再加入1的魚和A轉大火煮至沸騰，再轉小火煮約10分鐘。有需要的話可以加入鹽（分量外）調味。

287 叻沙麵

充滿蝦子湯汁溫潤滋味的新加坡風味拉麵

新加坡

材料（2人份）

油…5大匙
帶頭蝦子（帶殼）…12小隻
水…300ml
雞高湯粉…1小匙
紅咖哩醬…25g
西洋芹（切細絲）…1/2根
油豆腐（切薄片）…少許
椰奶…200ml
魚露…2小匙
香菜（切大段）…適量
中華油麵（生麵）…2人份
檸檬…適量

作法

1. 在鍋中放入油以中火加熱，加入蝦子拌炒至稍微變色。
2. 倒入水轉大火煮至沸騰，加入雞高湯粉和咖哩醬混合攪拌。
3. 加入西洋芹和油豆腐轉小火煮約3分鐘，倒入椰奶和魚露繼續煮約3分鐘，再加入香菜混合攪拌。
4. 將中華油麵依照標示的方法水煮後盛入器皿中，倒入3後擠上檸檬汁，攪拌後再享用。

世界咖哩・其他咖哩

288 — 說不定是世上最美味咖哩!? 印度的基本款家庭料理

巴東牛肉
印尼

材料（2人份）

油…2大匙
●原型香料
　小豆蔻…2粒
　丁香…2粒
　肉桂棒…1/3根
　八角…1個
牛肉（五花肉，切成較小的一口大小）…300g
洋蔥（磨泥）…1/2個
蒜頭（磨泥）…1瓣
薑（磨泥）…1片

葛拉姆馬薩拉綜合香料…2小匙
梅乾（取下梅肉碾碎）…2個份
鹽…略少於1小匙
砂糖…1小匙
水…200ml
泰國檸檬葉…適量
萊姆葉…6片（有的話）
椰奶…100ml

作法

1. 在鍋中放入油以中火加熱，加入小豆蔻加熱至膨脹起來為止，再加入牛肉拌炒至整體上色為止。
2. 加入洋蔥泥、蒜泥和薑泥拌炒至洋蔥呈金黃焦糖色。
3. 加入葛拉姆馬薩拉綜合香料、梅乾、鹽和砂糖混合攪拌，倒入水以大火煮至沸騰，加入泰國檸檬葉蓋上鍋蓋，轉小火燉煮約30分鐘。
4. 打開鍋蓋放入萊姆葉和椰奶大略煮過。

289 — 咖哩葉是關鍵！品嘗印尼媽媽的溫和料理

椰香咖哩雞
印尼

材料（2人份）

油…略多於3大匙
雞腿肉（切成一口大小）…200g
馬鈴薯（切成一口大小）…2個
咖哩粉…1小匙
鹽…1/2小匙

砂糖…1小匙
水…200ml
黃咖哩醬…25g
雞高湯粉…1小匙
咖哩葉…10片
椰奶…100ml

作法

1. 在鍋中放入油以中火加熱，接著加入雞肉和馬鈴薯拌炒約3分鐘。
2. 加入咖哩粉、鹽和砂糖拌炒混合，倒入水轉大火煮至沸騰，加入咖哩醬和雞高湯粉之後再蓋上鍋蓋轉小火燉煮約10分鐘。
3. 打開鍋蓋加入咖哩葉和椰奶再大略煮過。

290　充滿明顯清新香氣的基本款香料蔬菜咖哩

[香料蔬菜糊] 香料蔬菜咖哩（雞肉）

材料（2人份）

- ●醬料
  - 西洋芹（葉子部分）…1根份
  - 香菜…2株
  - 檸檬香茅（切圓片）…1/2根（有的話）
  - 蒜頭…1/2瓣
  - 薑…1/2片
- 油…2大匙
- 雞腿肉（切成一口大小）…250g
- 鹽麴…1大匙
- 砂糖…1/2小匙
- 水…100ml
- 椰奶…100ml

作法

1. 將醬料用的材料和少許水（分量外）一起放入攪拌機中攪打成糊狀。
2. 在鍋中放入油以中火加熱，將雞肉皮面朝下放入鍋中，拌炒至整體都充分上色為止。
3. 加入醬料、鹽麴以及砂糖混合攪拌，拌炒直到收乾水分。
4. 倒入水和椰奶轉大火煮至沸騰，再轉小火煮約10分鐘。有需要的話可以加入鹽（分量外）調味。

※本書中的香料植物咖哩分為以下3類：將新鮮的香料植物做成糊狀加入的「香料蔬菜糊」、使用香料蔬菜末的「香料蔬菜末」、加入乾燥香料蔬菜的「乾燥香料蔬菜」。

製作祕訣

製作香料咖哩時醬料是關鍵！

製作香料咖哩時，一般都是將西洋芹、香菜等新鮮香料蔬菜用攪拌機打碎成糊狀後加入。蒜頭和薑也是必備材料，但也有些咖哩會用羅勒或荷蘭芹等香草植物來代替西洋芹和香菜。除了做成糊狀外，也很推薦在完成時加入各種不同的香料蔬菜增加香氣。

世界咖哩・其他咖哩

291 — 雞翅中滲出的湯汁做出雖辣但讓人愛不釋口的美味！

[香料蔬菜糊] **香料蔬菜咖哩（辣味雞肉）**

材料（2人份）

●醬料
西洋芹（葉子部分）…1根份
香菜…2株
檸檬香茅（切圓片）
…1/2根（有的話）
蒜頭…1/2瓣
薑…1/2片

油…2大匙
紅辣椒（去籽）…6根
雞翅中…200g
番茄（切大塊）…1大個
水…250ml
魚露…1大匙

作法

1. 將醬料用的材料和少許水（分量外）一起放入攪拌機中攪打成糊狀。
2. 在鍋中放入油以中火加熱，將紅辣椒和雞翅中放入鍋中拌炒至整體上色為止。
3. 加入醬料拌炒後再加入番茄大略混合拌炒。
4. 倒入水轉大火煮至沸騰後，倒入魚露蓋上鍋蓋，再轉小火燉煮約20分鐘。有需要的話可以加入鹽（分量外）調味。

---

292 — 黑醋的濃醇與酸味是隱藏調味！也很適合當下酒菜

[香料蔬菜糊] **香料蔬菜咖哩（牛肉）**

材料（2人份）

●醬料
西洋芹（葉子部分）…1根份
香菜…2株
檸檬香茅（切圓片）
…1/2根（有的話）
蒜頭…1/2瓣
薑…1/2片

油…2大匙
牛肉片…150g
茄子（切滾刀塊）…2根
薑（切細絲）…1片
濃口醬油…略多於1大匙
黑醋…2小匙
椰奶…200ml

作法

1. 將醬料用的材料和少許水（分量外）一起放入攪拌機中攪打成糊狀。
2. 在鍋中放入油以中火加熱，依序加入牛肉、茄子和薑絲拌炒至整體熟透為止。
3. 倒入醬料、醬油與黑醋充分加熱拌炒。
4. 倒入椰奶轉小火熬煮約5分鐘。

293 香料蔬菜咖哩（鮮蝦）

香料蔬菜糊

綠辣椒的清爽辣味和香料的香氣非常搭配！

材料（2人份）

● 醬料
- 西洋芹（葉子部分）…1根份
- 香菜…2株
- 檸檬香茅（切圓片）…1/2根（有的話）
- 蒜頭…1/2瓣
- 薑…1/2片
- 鹽…略少於1小匙
- 椰奶…100ml
- 油…2大匙
- 去殼蝦仁…200g
- 綠辣椒（去籽後縱切對半）…3根
- 水…100ml
- 魚露…1大匙
- 番茄（切大塊）…1小個

作法

1. 將醬料用的材料和少許水（分量外）一起放入攪拌機中攪打成糊狀。
2. 在鍋中放入椰奶和醬料以小火熬煮約3分鐘。
3. 加入油、蝦仁和綠辣椒大略混合攪拌。
4. 倒入水轉大火煮至沸騰，再倒入魚露轉小火大略燉煮。
5. 加入番茄混合攪拌再稍微煮一下即可。

294 香料蔬菜咖哩（綜合蔬菜）

香料蔬菜糊

以柔滑的茄子和黏稠的秋葵做出溫和滋味

材料（2人份）

● 醬料
- 西洋芹（葉子部分）…1根份
- 香菜…2株
- 檸檬香茅（切圓片）…1/2根（有的話）
- 蒜頭…1/2瓣
- 薑…1/2片
- 油…2大匙
- 蒜頭（切碎末）…1瓣
- 茄子（去皮後切滾刀塊）…2根
- 秋葵（切成寬1cm段）…6根
- 去殼毛豆…60g
- 水…100ml
- 椰奶…100ml
- 鹽麴…1大匙

作法

1. 將醬料的材料和少許水（分量外）一起放入攪拌機中攪打成糊狀。
2. 在鍋中放入油以中火加熱，加入蒜末、茄子、秋葵和毛豆拌炒至茄子變軟為止。
3. 倒入水轉大火煮至沸騰，加入椰奶、醬料和鹽麴，再轉小火大略燉煮。

世界咖哩・其他咖哩

295 ── 口感彈牙的章魚鮮味和薄荷非常搭配！

香料蔬菜末　**香料蔬菜咖哩（章魚肉末咖哩）**

材料（2人份）

油…2大匙
蒜頭（切碎末）…1瓣
薑（切碎末）…1片
洋蔥（切薄片）…1/2個
牛豬綜合絞肉（推薦用粗絞肉）…200g
咖哩粉…略多於1大匙
鹽…略少於1小匙
章魚（切小塊）…100g
水…100ml
薄荷（切碎末）…1包（15g）

作法

1. 在鍋中放入油以中火加熱，加入蒜末和薑末大略拌炒。再加入洋蔥拌炒至變軟為止。
2. 加入絞肉、咖哩粉和鹽大略拌炒，再加入章魚以中火拌炒約3分鐘。
3. 倒入水轉大火煮至沸騰，蓋上鍋蓋再轉小火煮約5分鐘。
4. 打開鍋蓋後加入薄荷拌炒約3分鐘收乾水分。

296 ── 香菜的衝擊香氣和毛豆的溫和甜味非常搭配

香料蔬菜末　**香料蔬菜咖哩（毛豆肉末咖哩）**

材料（2人份）

油…1大匙
蒜頭（切碎末）…1瓣
薑（切碎末）…1片
洋蔥（切薄片）…1/2小個
牛豬綜合絞肉（推薦用粗絞肉）…100g
咖哩粉…略多於1大匙
鹽…略少於1小匙
去殼毛豆…200g
水…100ml
香菜（切碎末）…1/2杯

作法

1. 在鍋中放入油以中火加熱，加入蒜末和薑末拌炒。再加入洋蔥拌炒至變軟為止。
2. 加入絞肉、咖哩粉和鹽大略攪拌，再加入去殼毛豆拌炒約3分鐘。
3. 倒入水轉大火煮至沸騰，接著加入香菜蓋上鍋蓋轉小火煮約5分鐘。
4. 打開鍋蓋拌炒約3分鐘收乾水分。

297 香料蔬菜咖哩（雞肉咖哩）

乾燥香料蔬菜

最後加入的乾燥香料蔬菜讓滋味更加鮮明！

材料（2人份）

油…2大匙
洋蔥（切薄片）…1/2小個
蒜頭（磨泥）…1瓣
薑（磨泥）…1片
雞腿肉（切成一口大小）…300g
咖哩粉…略多於1大匙
鹽…略少於1小匙
番茄泥…2大匙
水…200ml
綜合乾燥香料蔬菜（依喜好挑選）…2小匙

作法

1. 在鍋中放入油以中火加熱，加入洋蔥拌炒至稍微呈焦糖金黃色為止。
2. 加入蒜泥和薑泥大略混合拌炒。
3. 加入雞肉拌炒至整體表面上色。再加入咖哩粉、鹽和番茄泥混合攪拌。
4. 倒入水轉大火煮至沸騰，加入乾燥香料蔬菜後蓋上鍋蓋，轉小火燉煮約10分鐘。

298 香料蔬菜咖哩（紅蘿蔔馬鈴薯）

乾燥香料蔬菜

散發出葫蘆巴葉甜味的健康配菜

材料（2人份）

馬鈴薯（切成一口大小）…3大個
紅蘿蔔（切成較小的一口大小）…1根
油…2大匙
蒜頭（切碎末）…1瓣
洋蔥（切薄片）…1/2小個
咖哩粉…1大匙
乾燥葫蘆巴葉…3大匙
鹽…略少於1小匙

作法

1. 在鍋中放入熱水（分量外）煮至沸騰，放入馬鈴薯和紅蘿蔔煮至完全熟透，用篩網撈起備用。
2. 取一空鍋加入油以中火加熱，加入蒜末大略拌炒，再加入洋蔥拌炒至變軟為止。
3. 加入1的蔬菜、咖哩粉、葫蘆巴葉和鹽後，繼續拌炒至整體融合為止。

世界咖哩・其他咖哩

299 ── 咖哩塊就能做，超簡單！充滿蔬菜鮮甜滋味的正統咖哩
湯咖哩（咖哩塊）

材料（2人份）

油…2大匙
西洋芹（切碎末）…1/2根
培根（切成方便食用的大小）…250g
甜椒（縱切4等分）…1/2個
菇類…80g（選用喜歡的菇類）
水…500ml
雞高湯粉…2小匙
醬油…1大匙
咖哩塊 …1.5人份

作法

1. 在鍋中放入油以中火加熱，加入西洋芹和培根拌炒至上色。
2. 加入甜椒和菇類拌炒約3分鐘，倒入水煮至沸騰，再加入雞高湯粉和醬油混合攪拌。
3. 大略燉煮後再加入咖哩塊攪拌至溶解為止。

300 ── 用咖哩粉的話就能做出辛香又清爽的湯汁
湯咖哩（香料風味）

材料（2人份）

茄子（縱切對半後劃入切口）…1根
青椒（縱切4等分）…1個
油…2大匙
蒜頭（磨泥）…1瓣
薑（磨泥）…1片
洋蔥（切月牙狀）…1/4個
水…500ml
雞高湯粉…2小匙
咖哩粉…1大匙

牛豬綜合絞肉…100g
紅蘿蔔（斜切成厚片）…1/2根
番茄醬…1大匙
魚露…2小匙

作法

1. 在鍋中放入油炸用油（分量外）加熱，加入茄子和青椒清炸好備用。
2. 在另一鍋中放入油以中火加熱，加入蒜泥、薑泥和洋蔥拌炒約5分鐘。倒入熱水煮至沸騰，加入雞高湯粉和咖哩粉燉煮約5分鐘（可以的話此時先稍微放涼，再放入攪拌機攪打成糊狀，放回鍋中）。
3. 加入絞肉、紅蘿蔔、番茄醬和魚露蓋上鍋蓋，以小火燉煮約15分鐘。
4. 盛入器皿中，擺上**1**的茄子和青椒當飾頂配料。

301 — 利用蔬菜釋放出的水分做出溫潤鮮甜的咖哩

無水咖哩

材料（2人份）

油…2大匙
西洋芹（切薄片）…1根
雞腿肉（切成一口大小）…200g
咖哩粉…1大匙
鹽…略少於1小匙
洋蔥（切月牙狀）…1個
櫛瓜（切滾刀塊）…1根（120g）
番茄（切大塊）…1小個

作法

1. 在鍋中放入油以中火加熱，加入西洋芹和雞肉大略拌炒過。
2. 加入咖哩粉和鹽混合攪拌，再加入洋蔥、櫛瓜和番茄充分混合攪拌。
3. 蓋上鍋蓋轉大火煮約2～3分鐘至稍微沸騰，再轉小火燉煮約20分鐘，待蔬菜釋放出大量水分即完成。

302 — 柴魚片和芝麻油是重點！快速就能做完又很有飽足感
咖哩烏龍麵

材料（2人份）

芝麻油…1大匙
豬肉（五花肉薄片，切成一口大小）…150g
韭菜（切成寬5cm段）…2根
水…500ml
番茄泥…1大匙（有的話）
柴魚片…少許
沾麵露（3倍濃縮）…50ml
咖哩塊…2人份
烏龍麵…2人份

作法

1. 在鍋中放入芝麻油以中火加熱，加入豬肉和韭菜拌炒至熟透為止。
2. 倒入水轉大火煮至沸騰，加入番茄泥、柴魚片和沾麵露轉小火稍微煮一下，再加入咖哩塊攪拌至溶解。
3. 依照標示的方法將烏龍麵煮好再加入湯汁中。

303 — 蕎麥麵派看這邊！雞肉和長蔥的香氣更具特色！
長蔥咖哩蕎麥麵

材料（2人份）

芝麻油…1大匙
雞腿肉…150g
長蔥（縱切對半後再切寬3cm段）…1根
水…500ml
沾麵露（3倍濃縮）…50ml
青豌豆仁（水煮）…固體50g
咖哩塊…2人份
蕎麥麵…2人份

作法

1. 在鍋中放入芝麻油以中火加熱，加入雞肉和長蔥拌炒至雞肉上色並熟透為止。
2. 倒入水轉大火煮至沸騰，加入沾麵露和青豌豆仁轉小火稍微煮一下後，加入咖哩塊攪拌至溶解。
3. 依照標示的方法將蕎麥麵煮好再加入湯汁中。

304 咖哩義大利麵

用咖哩粉做出充滿香料香氣的拿坡里義大利麵！

材料（2人份）

奶油…30g
香腸（切成寬5mm圓片）…6根（100g）
青椒（切薄片）…2個
咖哩粉…1小匙
番茄醬…1小匙
鹽…煮麵水的1%
義大利麵…180g
煮麵水…適量

作法

1. 在鍋中放入奶油、香腸和青椒以中火拌炒約3分鐘。
2. 加入咖哩粉和番茄醬混合攪拌。
3. 在另一個鍋中放入大量熱水（分量外）和鹽煮至沸騰，加入義大利麵後依照標示的時間煮好，將義大利麵和少量煮麵水一起加入 **2** 的鍋中混合拌炒即完成。

305 咖哩炒飯

收尾加入的醬油散發出香氣讓人充滿食慾！

材料（2人份）

芝麻油…2大匙
蛋液…2個份
白飯…2人份
培根（切成寬1cm）…100g
青豌豆仁（水煮）…固體30g
咖哩粉…2小匙
鹽…略少於1小匙
胡椒…少許

作法

1. 在平底鍋中放入油以中火加熱，倒入蛋液混合攪拌。馬上加入白飯充分混合拌炒。
2. 整體拌勻後加入培根、青豌豆仁、咖哩粉和鹽，再繼續拌炒。
3. 待整體水分收乾變得鬆散後沿著鍋子邊緣倒入醬油，充分混合拌炒即完成。

世界咖哩・其他咖哩

306 將食材依序加入拌炒就好！很適合當速成午餐料理

[即食咖哩] **咖哩拌飯**

材料（2人份）

芝麻油…1大匙
蒜頭（切碎末）…1瓣
綜合豆類…150g
醬油…1小匙
白飯…2人份
即食咖哩…2人份
蛋黃…2個份

作法

1. 在鍋中放入芝麻油以中火加熱，加入蒜頭大略拌炒。
2. 加入綜合豆類大略拌炒一下後倒入醬油混拌。
3. 加入白飯和即食咖哩充分混合攪拌。盛盤後放上蛋黃。

307 滿滿蔬菜配上培根的鹹味，也很推薦當作下酒菜

[即食咖哩] **乾咖哩**

材料（2人份）

奶油…30g
蒜頭（切碎末）…1瓣
培根（切細碎）…100g
紅蘿蔔（切成1cm塊狀）…1/2根
茄子（切成1cm塊狀）…1/2根
甜椒（切成1cm塊狀）…1/2個
即食咖哩…2人份

作法

1. 在鍋中放入奶油和蒜頭以中火加熱大略拌炒。
2. 加入培根、紅蘿蔔、茄子和甜椒充分拌炒。
3. 加入即食咖哩混合攪拌，邊收乾水分邊拌炒至變成偏乾的糊狀為止。

308 — 在新鮮番茄中加入融化起司，做出經典的滋味

即食咖哩 起司咖哩

材料（2人份）

油⋯1大匙
蒜頭（切碎末）⋯1瓣
豬絞肉⋯200g
即食咖哩⋯2人份
番茄（切大塊）⋯2個
披薩用起司⋯60g

作法

1. 在鍋中加入油以中火加熱，加入蒜頭大略拌炒再加入絞肉，拌炒至熟透為止。
2. 將加熱過的即時咖哩加入鍋中稍微煮一下，再加入番茄和起司混合攪拌。

---

309 — 好做又好吃的最快速食譜，堅果口感是其亮點

即食咖哩 乾咖哩烏龍麵

材料（2人份）

即食咖哩⋯2人份
烏龍麵⋯2人份
油⋯2大匙
綜合堅果（壓碎）⋯100g

作法

1. 先將即食咖哩包加熱備用，烏龍麵也依照標示的方法煮好備用。
2. 在鍋中放入油以中火加熱，加入烏龍麵和堅果拌炒約1分鐘，加入咖哩熬煮一下即完成。

世界咖哩・其他咖哩

310 乾咖哩義大利麵

即食咖哩 — 有奶油的濃醇和鬆軟的綜合豆類,是口感豐富的一道

材料(2人份)

奶油…20g
綜合豆類…150g
即食咖哩…2人份
鹽…煮麵水的1%
義大利麵…180g
煮麵水…適量

作法

1. 在鍋中放入奶油以中火加熱,加入綜合豆類大略拌炒。再加入熱好的即食咖哩混合攪拌。
2. 在另外一個鍋中放入大量熱水(分量外)和鹽煮至沸騰,加入義大利麵依照標示的時間煮好後,取出義大利麵和少許煮麵水跟 **1** 一起放入鍋中混合拌炒。
3. 盛盤後淋上鍋中剩下的咖哩醬汁,攪拌後再享用。

311 綠咖哩素麵

即食咖哩 — 辣味十足!夏天推薦的素麵變化料理

材料(2人份)

油…1大匙
雞腿肉(切成一口大小)…200g
綠辣椒(縱切對半)…1根
水…200ml
秋葵(切成寬1cm段)…10根
魚露…2小匙
即食綠咖哩…2人份
素麵…2人份

作法

1. 在鍋中放入油以中火加熱,加入雞肉和綠辣椒拌炒。倒水煮至沸騰後蓋上鍋蓋,再轉小火燉煮約5分鐘。
2. 加入秋葵轉大火煮至沸騰,再加入魚露和熱好的即食綠咖哩混拌後轉小火再煮一下。
3. 將素麵依照標示的方法水煮並用清水洗過後,用篩網瀝乾水分並盛盤,淋上 **2** 即完成。

312 — 在家裡也想輕鬆大吃一頓！

[即食咖哩] **咖哩豬排飯**

材料（1人份）

即食咖哩…1人份
油…少許
豬絞肉…50g
長蔥（切蔥花）…1/2根
番茄（切碎末）…1個
高麗菜（切細絲）…適量
炸豬排（切片）…1人份

作法

1. 將即食咖哩加熱備用。
2. 在平底鍋中放入油以中火加熱，加入豬絞肉和長蔥拌炒約5分鐘。
3. 加入即時咖哩以中火熬煮約5分鐘。
4. 關火加入番茄混合攪拌。
5. 在容器中盛入白飯（分量外），旁邊放上高麗菜絲和炸豬排後再放上咖哩。

313 — 焦香的起司香氣讓人上癮！

[即食咖哩] **燒咖哩**

材料（1人份）

即食咖哩…1人份
白飯…1人份
雞蛋…1個
濃口醬油…少許
披薩用起司…適量

作法

1. 將即食咖哩加熱備用。
2. 在較小的耐熱容器中放入白飯和即食咖哩，整體均勻攪拌混合。
3. 讓飯的中央呈現凹陷狀並在其中放上雞蛋，繞圈淋上醬油。
4. 在上方撒滿披薩用起司（尤其是蛋黃上方一定要蓋滿起司）。
5. 放進預熱至250℃的烤箱烘烤5～10分鐘（以起司完全融化且略呈焦色為基準）。

314 — 用牛肉鮮味和濃醇鮮奶油做出豐厚的滋味

[即食咖哩] **飯店咖哩**

材料（1人份）

即食咖哩…1人份
奶油…10g
牛肉片（切成一口大小）…50g
芒果沾醬…1小匙（有的話）
鮮奶油…50ml

作法

1. 將即食咖哩加熱備用。
2. 在鍋中放入奶油以中火加熱，加入牛肉稍微拌炒至變色為止。
3. 加入即食咖哩、芒果沾醬和鮮奶油，繼續以中火加熱，快速混合攪拌。

世界咖哩・其他咖哩

315 — 將食材先拌炒過，多一道工序讓美味瞬間提升！

咖哩粉 咖哩奶油抓飯

材料（2人份）

米…1.5杯
濃口醬油…少許
奶油…20g
雞腿肉（切成較小的一口大小）…100g
咖哩粉…1小匙
胡椒粉…少許
奧勒岡…少許（有的話）

作法

1. 將米洗好以篩網瀝乾，靜置約30分鐘。
2. 把米放入電鍋中，加入適量的水（分量外）和醬油充分攪拌混合。
3. 在平底鍋中放入奶油以中火加熱，加入雞肉和咖哩粉拌炒後加入電鍋中。
4. 加入胡椒和奧勒岡混合攪拌，以一般的煮飯模式炊煮即可。

316 — 大量蘑菇的香氣讓人食慾大開！

咖哩粉 咖哩燉飯

材料（2人份）

奶油…20g
褐色蘑菇（切粗末）…100g
咖哩粉…2小匙
白飯（冷飯）…200g
水…200ml
帕瑪森起司（磨碎）…15g
荷蘭芹（乾燥）…少許（有的話）

作法

1. 在平底鍋中放入奶油以中火加熱，加入蘑菇混合拌炒。
2. 關火加入咖哩粉混合攪拌。
3. 加入白飯和水轉大火，邊把白飯撥散邊混合攪拌。
4. 關火後加入帕瑪森起司和荷蘭芹混合攪拌。有需要的話可加入鹽（分量外）調味。

317 — 在熟悉的火鍋中加入咖哩粉，做出充滿香料的新風味

咖哩粉 咖哩鍋

材料（2人份）

什錦鍋湯底…2人份
鰤魚片…2片份
長蔥（斜切片狀）…1/2根
油豆皮（切成寬1cm）…1片
白菜（切大塊）…1/6個
咖哩粉…2小匙
芝麻油…1小匙

作法

1. 在鍋中放入湯底和鰤魚以大火煮至沸騰，撈除浮沫。
2. 將剩下的材料全部加入鍋中，轉小火煮至食材都變軟為止。

318 — 沾麵露和咖哩相輔相成！超級美味

咖哩塊　**和風咖哩蓋飯**

材料（2人份）

芝麻油…2小匙
豬肉（邊角碎肉）…100g
長蔥（斜切片狀）…1/2根
水…適量
咖哩塊…2人份
沾麵露（2倍濃縮）…3大匙
白飯…2人份
七味辣椒粉…適量（依喜好加入）

作法

1. 在鍋中放入芝麻油以中火加熱，加入豬肉拌炒至變色為止，再加入長蔥繼續拌炒。
2. 倒入水轉大火煮至沸騰，再轉小火加入咖哩塊和沾麵露混合攪拌。
3. 將白飯盛入器皿中並淋上 **2**。依喜好撒上七味辣椒粉。

---

319 — 使用壓力鍋做出有如以慢火燉煮般的美味

咖哩塊　**壓力鍋咖哩**

材料（4人份）

豬肉（塊狀五花肉，切成較大的一口大小）…400g
水…適量
白蘿蔔（切滾刀塊）…1/8根
薑（切細絲）…2片
咖哩塊…4人份
檸檬汁…1個份

作法

1. 在壓力鍋中放入豬肉和水以大火煮沸，撈除浮沫。
2. 加入白蘿蔔和薑絲後蓋上鍋蓋，轉小火加壓燉煮約15分鐘。
3. 稍微放涼後打開鍋蓋，加入咖哩塊攪拌至溶解。
4. 倒入檸檬汁混合攪拌。

---

320 — 很適合配味噌湯和白飯的溫和咖哩

咖哩塊　**納豆咖哩**

材料（2人份）

芝麻油…2小匙
豬肉（五花肉薄片，切成一口大小）…100g
長蔥（切蔥花）…1/2根
泡菜（切粗碎）…30g
水…適量
咖哩塊…2人份
納豆（充分攪拌好備用）…1人份

作法

1. 在鍋中放入芝麻油以中火加熱，加入豬肉和長蔥拌炒約5分鐘。
2. 加入泡菜混合攪拌，倒入水轉大火煮至沸騰後再轉小火煮約5分鐘。
3. 關火加咖哩塊攪拌溶解。
4. 在容器中盛入白飯（分量外）後再盛入 **3** 的咖哩，最後放上納豆即可。

Tin Pan Column

關於島健太

在咖哩食譜開發專家集團「Tin Pan Curry」中負責「咖哩麵包／其他咖哩」部門。包含日本獨創的咖哩麵包在內，負責蒐集、研發各種咖哩的變化款料理。同時他還肩負著另一個身分，就是麵包店「Boulangerie Shima」的店主兼主廚。

我認為島健太是能做出全日本最美味的咖哩麵包的男子。吃過他店鋪中剛炸好的咖哩麵包的客人都會被那種美味所俘虜，有可能會變得再也無法接受其他麵包店的咖哩麵包，或是因為麵包太燙而導致舌頭燙傷，大概不出這2種結果。店內櫃檯後的麵包製作區域有一面牆，上面擺滿了許多不同香料，多到讓人完全不覺得這是一家麵包店。店內偶爾會在週末販售咖哩飯，最近也成為「印度麵包」團體的一員，製作有印度可頌之稱的「印度麵餅」。

他擁有鍛鍊累積起來、屬於自己的料理理論，也有能將這些理論完全實現的技術，活用在製作麵包甚至或是其他料理上。不知道是因為他舉止比較輕浮還是因為有一頭引人注目的淘氣金髮，我認為還沒有太多人知道他真正的實力。身為一位麵包店的主廚，我認為他散發著與眾不同的光芒。（水野仁輔）

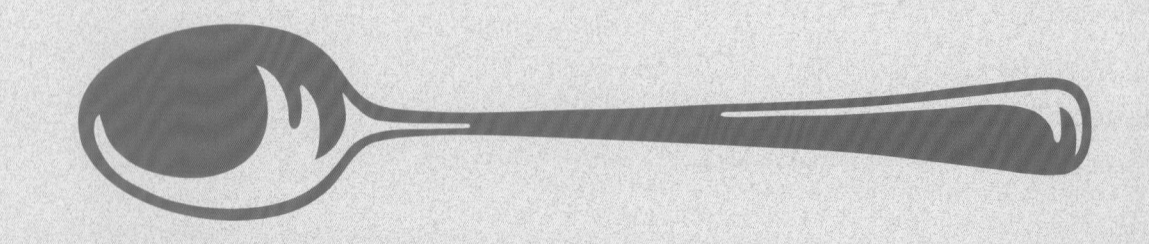

Part 6

香料配菜・飲品

想再多一道料理或覺得有點餓的時候，
很適合當下酒菜的菜餚
因為每道都有香料而變得更有風味。
也有搭配咖哩享用的飲品，
材料少又能馬上做好這點讓人愉快。

321 — 充滿葛拉姆馬薩拉香氣、輕鬆完成的下酒菜
香料油漬沙丁魚

材料（1人份）

油漬沙丁魚罐頭…1罐
葛拉姆馬薩拉綜合香料…1/2小匙
薑（切薄片）…2片
月桂葉…1片

作法

1 將油漬沙丁魚罐頭的油放入耐熱容器中，加入葛拉姆馬薩拉綜合香料和月桂葉，放進微波爐加熱1分鐘。
2 將加熱後的 **1** 放回沙丁魚罐頭中即可。

322 — 日式與印度風味的結合！脆硬的口感和鮪魚非常搭
印度風醃漬白蘿蔔與鮪魚

材料（2人份）

鮪魚…100g
鹽…適量

A
　日式芥末…2小匙
　顆粒芥末醬…3又1/2小匙
　玄米油…4大匙
　薑（切細絲）…20g
　蒜頭…2瓣
　辣椒粉…1小匙
　葛拉姆馬薩拉綜合香料…2小匙
　甜椒粉…1/2小匙
　鹽…1/3小匙
　檸檬汁…適量

醃漬白蘿蔔…50g

作法

1 在鮪魚撒上鹽後用廚房紙巾包裹起來，放進冰箱一個晚上以吸除水分。
2 將**A**放入耐熱容器中混合攪拌，製作醃漬用的醬汁，包好保鮮膜後放進微波爐加熱3分鐘。
3 將醃漬白蘿蔔和**1**、**2**混合攪拌。

香料配菜・飲品

323 — 吸滿鮪魚罐頭油脂的熱呼呼馬鈴薯
罐頭鮪魚烤馬鈴薯

材料（1人份）

男爵馬鈴薯（帶皮切成4等份）…1個
油漬鮪魚罐頭…1罐
咖哩粉…1/2小匙
蒜頭（磨泥）…1又1/2瓣
優格…1大匙
鹽…適量

作法

1. 將水和鹽（皆分量外）放入鍋中煮沸後加入馬鈴薯水煮。充分熟透後用篩網瀝乾。
2. 將油漬鮪魚罐頭的鮪魚和油一起放入耐熱容器中，加入咖哩粉和蒜泥，放進微波爐加熱約2分鐘。
3. 在2中加入煮好的馬鈴薯、優格和鹽混合攪拌，再用200W的小烤箱烘烤4分鐘。

324 — 濃郁奶醬中爽脆的萵苣口感更添亮點！
白酒奶醬煮鱈魚

材料（2人份）

A
- 綠胡椒（鹽漬）…10g
- 胡荽粉…1又1/2小匙
- 小豆蔻…2粒
- 白酒…200ml
- 調味用雞高湯顆粒…1小匙
- 鹽…適量

鮮奶油…200ml
鱈魚…200g
萵苣（切細絲）…3～4片份

作法

1. 在鍋中放入**A**以大火煮至沸騰，轉小火再煮約10分鐘讓酒精蒸散。
2. 倒入鮮奶油熬煮至整體剩下約2/3的分量。
3. 變得濃稠後加入鱈魚燉煮至熟透為止，最後加入萵苣大略燉煮即可。

香料配菜・飲品

325 肯瓊香料烤柳葉魚

很適合配酒也很下飯，嶄新的燒烤柳葉魚

材料（2人份）

柳葉魚…10條
肯瓊香料…適量
薑（磨泥）…1又1/2片
蒜頭（磨泥）…3瓣
玄米油…2又2/3大匙
百里香…2～3根（有的話）

作法

1. 將柳葉魚之外的所有食材放入耐熱容器中，包好保鮮膜放進微波爐加熱2分鐘，取出稍微放涼。
2. 將1抹在柳葉魚上，再將柳葉魚放到耐熱容器中，放進預熱至200℃的烤箱中烘烤4分鐘。盛盤之後放上稍微烤過的百里香。

326 咖哩炒培根馬鈴薯

食材的濃醇和顆粒芥末的酸味很契合！

材料（2人份）

五月皇后馬鈴薯（切成厚1cm片狀）…1個
油…2大匙
洋蔥（切薄片）…1/6個
咖哩粉…1/2小匙
培根…50g
顆粒芥末醬…5小匙
胡椒鹽…適量
起司粉…適量

作法

1. 將馬鈴薯放入耐熱容器中蓋上蓋子，放進微波爐加熱3分鐘。變軟後用篩網瀝乾。
2. 在平底鍋中放入油以中火加熱，加入洋蔥拌炒至變透明後加入馬鈴薯和咖哩粉，拌炒至充分上色為止。
3. 加入培根和顆粒芥末醬大略拌炒。再加入胡椒鹽調味。盛盤後撒上起司粉。

327 粉紅胡椒醋漬魚

清淡的白肉魚中配上粉紅胡椒的香氣，更添韻味

材料（1人份）

月桂葉…適量
白肉魚（使用鱸魚，斜切成厚3cm片狀）…200g
鹽…適量
紅酒醋…適量
粉紅胡椒…適量
橄欖油…4又1/2大匙
玄米油…4又1/2大匙

作法

1. 在烤箱的烤盤鋪上烘焙紙，依序疊放月桂葉和魚肉，撒鹽後放進200℃的烤箱烘烤2分鐘。
2. 將1盛入器皿中，淋上紅酒醋再撒上粉紅胡椒，最後灑上橄欖油和玄米油。

328 培根白醬熱壓三明治

充滿羅勒香氣、濃稠又熱燙的熱壓三明治

材料（2人份）

羅勒（切粗末）…7～8片份
肉豆蔻粉…少許
白醬…70g
麵包粉（放入平底鍋乾炒）…3大匙
起司絲…30g
培根（切成方便食用的大小）…40g
吐司（6片切）…2片
奶油（抹在麵包上用）…適量

作法

1. 將吐司和奶油之外的其他食材全部混合攪拌，放到抹上奶油的吐司上夾起來，放進小烤箱或熱壓三明治機中烤至兩面微焦且脆硬。

329 肉桂丁香砂糖奶油烤吐司

香甜且帶有香料香氣的吐司很適合搭配咖啡

材料（1人份）

吐司（4片切）…1片
奶油…適量
砂糖…適量
肉桂粉…適量
丁香粉…適量
糖粉…適量

作法

1. 吐司抹上奶油並裹滿砂糖後切成寬2cm的棒狀，放進小烤箱中烤至上色。
2. 完成時撒上肉桂粉、丁香粉和糖粉。

香料配菜・飲品

330 — 用微波爐製作的咖哩油是味道的關鍵！
咖哩風塔塔醬雞肉

材料（2人份）

雞腿肉⋯200g
鹽⋯1/3小匙
咖哩粉⋯1/2小匙
玄米油⋯1大匙
水煮蛋⋯2個
小黃瓜（切成1cm塊狀）⋯1/2根
日式美乃滋⋯80g
蜂蜜⋯適量

作法

1. 雞肉撒鹽後放到耐熱的盤子上。放進冒出蒸汽的蒸籠中燜蒸約4分鐘。稍微放涼後切成方便食用的大小。
2. 將咖哩粉和玄米油放入耐熱容器中，放進微波爐加熱1分鐘製作咖哩油。
3. 在2的咖哩油中加入水煮蛋的蛋白、小黃瓜、美乃滋和蜂蜜混合攪拌，再加入蛋黃稍微攪拌。完成後取大量淋上1的雞肉享用。

331 — 不僅適合配飯，也很適合搭配沙拉或豆腐！
自製拌飯咖哩香鬆

材料（2人份）

鰹魚（碎末）⋯180g
鹽⋯1小匙
鹽昆布（切細條）⋯25g
咖哩粉⋯2小匙
葛拉姆馬薩拉綜合香料⋯1/2小匙
焙煎白芝麻⋯1/3大匙
豌豆仁⋯依喜好加入

※如果有乾燥蔬菜末的話風味會更加升級。

作法

1. 將鰹魚末放入鍋中並撒鹽，以小火乾炒至收乾水分，再壓散至變得乾鬆細碎為止。
2. 加入剩下的所有材料拌炒約1分鐘，攤平在鋪上廚房紙巾的調理盤上靜置數小時至完全乾燥。

香料配菜・飲品

332 — 口感濃郁滋味清爽,非常下酒的絕品美味!
葡萄牙風醋漬雞肝

材料(2人份)

玄米油…1大匙
雞肝…200g
A
 丁香… 1/2小匙
 甜椒粉…1小匙
 胡荽粉…1小匙
 蒜頭(大略壓碎)…1瓣
 洋蔥(切碎末)…3又3/4大匙
 紅酒醋…70ml
 白酒…100ml
 蜂蜜…2大匙
 月桂葉…2片
 玄米油…1又1/2大匙

作法

1. 在平底鍋中放入油以中火加熱,加入雞肝將兩面各煎40秒後關火,蓋上鍋蓋靜置40秒。取出後放到調理盤上冷卻。
2. 在小鍋中放入**A**的所有材料,加熱至沸騰。
3. 在保鮮袋中放入**1**和冷卻後的**2**,醃漬3小時以上。

333 — 用香料燉煮出多汁且入口即化的羊肉
紅酒燉羊肉

材料(2人份)

羊肩肉(切成一口大小)…200g
鹽…1/2小匙
丁香…4粒
八角…1個
孜然粉…1小匙
橄欖油…適量
洋蔥(切薄片)…1/2個
紅酒…適量

作法

1. 在羊肉撒上鹽,靜置1小時入味。
2. 將**1**用煮沸的熱水燉煮約3分鐘,用篩網瀝乾。
3. 在鍋中放入紅酒之外的材料和**2**,剛開始先一邊攪拌邊煮約10分鐘,總共以小火燉煮1個半小時。最後完成時加入紅酒即可。

香料配菜・飲品

334 — 柔軟且充滿香料滋味、令人上癮的雞肉
葡萄牙風非洲雞

材料（2人份）

雞腿肉（切成較大的塊狀）⋯300g
A
咖哩粉⋯1小匙
番茄泥⋯50g
優格⋯2大匙
蒜頭（切碎末）⋯1大匙
鹽⋯1/2小匙
洋蔥（切月牙狀）⋯1個

作法

1 將雞肉和 **A** 一起放入保鮮袋中浸漬一個晚上。
2 在平底鍋中放入油以中火加熱，加入 **1** 和洋蔥充分翻拌混合，拌炒至完全熟透為止。

335 — 經典葡萄牙料理的調味！
孜然柳橙紅蘿蔔沙拉

材料（1人份）

孜然粉⋯1小匙
橄欖油⋯2又1/2小匙
紅蘿蔔（切細條）⋯1/2根
柳橙（帶皮切成小片扇形）⋯1/8個
番茄（切塊狀）⋯1/5個
葡萄酒醋⋯適量
蜂蜜⋯適量
香菜⋯適量
鹽⋯適量

作法

1 將孜然粉和橄欖油混合後放進微波爐加熱1分鐘。
2 將 **1** 和其他材料混合攪拌。

336 — 也能當作享受顆粒口感的下酒菜
鼠尾草煎奶油馬鈴薯南瓜

材料（1人份）

五月皇后馬鈴薯（切成較小的一口大小）⋯2/3個
南瓜（切成較小的一口大小）⋯100g
奶油⋯10g
A
鼠尾草⋯適量
罌粟籽⋯2/3大匙
調味用雞高湯顆粒⋯1小匙
鹽⋯適量

作法

1 將馬鈴薯以及南瓜放入耐熱容器中蓋上蓋子，放進微波爐加熱3分鐘。
2 在平底鍋中放入奶油以中火加熱，加入 **1** 和 **A** 拌炒至整體充分融合為止。

香料配菜・飲品

256

337 ── 加入食材燉煮即完成！
一鍋到底咖哩麵

材料（1人份）

玄米油…2大匙
小魚乾…6條
咖哩粉…1小匙
蒜頭（切碎末）…1大匙
薑（切碎末）…1大匙
長蔥（切碎末）…3cm份（20g）
水…450ml
和風高湯粉…1大匙
豬肉（五花肉薄片，切成寬4cm）…90g
高麗菜（切成4cm塊狀）…100g
中華油麵（粗麵）…1人份
白芝麻…適量

作法

1. 在鍋中放入玄米油和小魚乾以小火拌炒約1分鐘。
2. 加入咖哩粉、蒜末、薑末和長蔥拌炒約1分鐘。
3. 加入水、和風高湯粉、豬肉和高麗菜煮至沸騰，再加入中華油麵和白芝麻並蓋上鍋蓋，以小火燉煮約1分鐘即可。

338 ── 收尾的檸檬做出清爽滋味，絕對會再來一碗的美味炊飯
香料炊飯

材料（2人份）

香米（或是日本米）…200g
水…240ml（日本米則是200ml）
洋蔥…1/8個
小豆蔻…2粒
顆粒芥末醬…1大匙、1/3小匙
葛拉姆馬薩拉綜合香料…2小匙
蒜頭（磨泥）…2瓣
薑（磨泥）…1片
鹽…1/2小匙
檸檬…1/2個

作法

1. 將檸檬之外的所有材料放入鍋中，以大火煮至沸騰。
2. 煮沸後蓋上鍋蓋轉小火炊煮約15分鐘。
3. 關火後維持蓋著鍋蓋的狀態燜約5分鐘，最後完成時擠上大量檸檬汁。

香料配菜・飲品

339 — 杜松子香氣讓人上癮！也很適合拿來拌義大利麵
辣味番茄燉煮雞肉杜松子

材料（2人份）

橄欖油⋯2又1/3大匙
雞腿肉（切成一口大小）⋯300g
蒜頭⋯1瓣
紅辣椒⋯2根
杜松子（壓碎）⋯4g
番茄（切成1cm塊狀）⋯100g
番茄汁⋯150ml
月桂葉⋯1片
鹽⋯適量

作法

1. 在鍋中放入橄欖油以中火加熱，加入雞肉、蒜頭、紅辣椒和杜松子拌炒至熟透。
2. 加入番茄、番茄汁和月桂葉轉小火燉煮約5分鐘，再加入鹽調味。

340 — 以和一般食譜不同的調味做出豐富滋味！
生火腿高麗菜沙拉

材料（2人份）

高麗菜（切成一口大小）⋯150g
鹽⋯適量
日式美乃滋⋯5大匙
優格⋯4小匙
生火腿（切細條）⋯40g
橄欖油⋯2/3大匙
茴香籽⋯2小匙

作法

1. 在高麗菜撒上鹽搓揉，擠乾水分備用。
2. 將1和美乃滋、優格和生火腿混合攪拌後盛盤。
3. 將橄欖油和茴香籽放入耐熱容器中，放進微波爐加熱約1分鐘製作茴香油，完成後淋在2上。

341 — 鬆軟而多汁！在家也能簡單做出香腸
茴香簡易香腸

材料（2人份）

豬絞肉（推薦用粗絞肉）…250g
A｜鹽…1/2小匙
　｜粗磨胡椒粒…適量
　｜辣椒粉…少許
　｜茴香籽…1/2小匙
　｜蒜頭（磨泥）…1/2瓣
玄米油…1大匙
白酒…30ml
洋蔥（切月牙狀）…1/2個

作法

1. 在調理盆中放入絞肉和**A**混合攪拌，再整形成較細長且大小方便食用的圓柱狀，靜置1小時。
2. 在平底鍋中放入玄米油以中火加熱，加入**1**煎至上色後倒入白酒，蓋上鍋蓋燜煮約2分鐘。將肉腸移到鍋子一端，加入洋蔥拌炒至上色後混合攪拌。

342 — 葡屬馬德拉島的風味！
馬德拉風味炒豬肉

材料（2人份）

豬肉（五花肉薄片，切成較小的一口大小）…200g
A｜白酒…20ml
　｜蒜頭（磨泥）…1又1/2瓣
　｜胡椒…1/2小匙
　｜肉豆蔻粉…1/4小匙
　｜丁香…8粒
　｜肉桂粉…1/4小匙
　｜月桂葉（撕成一半）…2片
橄欖油…1又1/3大匙
柳橙（切成一口大小）…1/4個

作法

1. 在調理盆中放入豬肉和**A**混合攪拌，靜置1小時。
2. 在平底鍋中放入橄欖油以中火加熱，加入**1**拌炒至上色後繼續拌炒至完全熟透。盛盤後放上柳橙。

343 　製作輕鬆卻能藉由隱藏調味料的日式芥末呈現道地風味！
印度風淺漬小黃瓜

材料（2人份）

淺漬小黃瓜…3根（也可用淺漬調味粉製作）

A
- 蒜頭（磨泥）…6瓣
- 薑（磨泥）…3片
- 芝麻油（太白芝麻油）…2又2/3大匙
- 顆粒芥末醬…20g
- 日式芥末醬…2/3小匙
- 葛拉姆馬薩拉綜合香料…2小匙
- 辣椒粉…1小匙

檸檬汁…1/2小匙

作法

1. 將淺漬小黃瓜瀝乾水分後切成一口大小。在耐熱容器中放入 **A** 混合攪拌，製作印度風味醃漬醬，包好保鮮膜後放進微波爐加熱3分鐘。
2. 將小黃瓜和印度風味醃漬醬混合拌勻，最後加入檸檬汁。

344 　將鬆軟的鷹嘴豆裹上起司的一道小菜
咖哩奶油炒鷹嘴豆

材料（1人份）

- 鷹嘴豆（水煮）…230g
- 洋蔥（切成1cm塊狀）…1/4個
- 咖哩粉…1小匙
- 奶油…20g
- 莫札瑞拉起司…125g
- 鹽…適量

作法

1. 在鍋中放入水煮鷹嘴豆和洋蔥以大火煮至沸騰，再轉中火燉煮約5分鐘。
2. 把 **1** 用篩網瀝乾，放入加了少許油（分量外）加熱的平底鍋中拌炒。
3. 撒入咖哩粉混合拌炒後加入奶油。待奶油完全溶解後關火，加入莫札瑞拉起司再加入鹽調味。

香料配菜・飲品

345 — 用清爽的檸檬油調味讓人能吃下滿滿蔬菜！
香料檸檬涼拌鯛魚與蔬菜

材料（2人份）

A
- 孜然籽…1小匙
- 薑黃粉…1/2小匙
- 新鮮百里香…3g
- 薑（切細絲）…7g
- 玄米油…2大匙

檸檬（切月牙狀）…1/2個
鯛魚片（切成一口大小）…2塊

喜歡的蔬菜（全都切成一口大小）…全部加起來約200g
- 高麗菜
- 甜椒
- 番茄
- 馬鈴薯
- 洋蔥
- 紅蘿蔔
- 櫛瓜
- 青花菜……等等

作法

1. 在耐熱容器中放入A，包好保鮮膜後放進微波爐加熱2分鐘，擠入檸檬汁製作檸檬油。
2. 在鍋中放入熱水（分量外）煮沸，加入鯛魚和蔬菜煮至熟透，瀝乾水分後和1混合拌勻。

346 — 土耳其風味的優格醬是重點！
孜然優格涼拌小黃瓜與西洋芹

材料（2人份）

- 小黃瓜（去籽）…2根
- 西洋芹…1根
- 水切優格…100g
- 紫蘇葉（切細絲）…10片
- 蒜頭（磨泥）…1/2小匙
- 孜然籽…2小匙
- 橄欖油…2大匙

作法

1. 將小黃瓜和西洋芹抹鹽（分量外）後切成一口大小。
2. 在調理盆中放入1、水切優格、紫蘇葉和蒜泥，混合攪拌後盛盤。
3. 在耐熱容器中放入孜然籽和橄欖油混合攪拌，放進微波爐加熱1分鐘，繞圈淋在2上。

香料配菜・飲品

347 — 芥末籽的顆粒感和柔軟滑順的起司非常契合！
顆粒芥末醃漬瑞可塔起司

材料（2人份）

顆粒芥末醬…50g
瑞可塔起司…150g

作法

1. 在篩網中鋪上廚房紙巾，依序疊放瑞可塔起司跟顆粒芥末醬，包上保鮮膜後放進冰箱冷藏一個晚上醃漬入味。

348 — 推薦給嗜辣者！稍加調味就能做出辣味版本
葛拉姆馬薩拉白蘿蔔泥

材料（方便製作的分量）

A
　葛拉姆馬薩拉綜合香料（推薦用AMBIKA產品）…1又1/2大匙
　辣椒粉…1小匙
　阿魏粉…1/4小匙
　玄米油…1大匙
水…3大匙
白蘿蔔泥…70g
片栗粉…1/2小匙

作法

1. 在鍋中放入 **A** 和2又1/3大匙的水煮至沸騰。
2. 加入白蘿蔔泥煮至沸騰，再倒入2/3大匙的水和片栗粉，充分混合攪拌。

349 — 能享受蒜苗口感的下飯配菜
蒜苗咖哩牛肉鬆

材料（2人份）

玄米油…2又1/3大匙
牛絞肉…200g
蒜苗（切細碎）…80g
薑（切碎末）…2又1/2大匙
咖哩粉…2小匙

作法

1. 在平底鍋中放入玄米油以中火加熱，將剩下的材料全部放入鍋中，拌炒至熟透為止。

香料配菜・飲品

350 — 絕對不會錯！青椒冷藏後更好吃
青椒與鹽醃罐頭牛肉

材料（2人份）

玄米油…2/3大匙
孜然籽…2又1/2小匙
鹽醃罐頭牛肉…1罐（80g）
日式美乃滋…3又2/3大匙
青椒（縱切4等分）…適量

作法

1. 在耐熱容器中放入玄米油和孜然籽，包好保鮮膜放進微波爐加熱1分鐘，製作孜然油。
2. 在調理盆中放入鹽醃牛肉和美乃滋混合攪拌，加入 **1** 拌匀。用青椒沾取做好的肉醬享用。

351 — 只要混合拌炒就能做出絕品下酒菜
香料拌炒玉米粒

材料（2人份）

甜玉米粒（冷凍蔬菜）…200g
無鹽奶油…4g
油…1又1/3大匙
孜然籽…1小匙
胡荽粉…3/4小匙
薑黃粉…3/4小匙
粗磨胡椒粒…1又1/3小匙
鹽…1/2小匙

作法

1. 在平底鍋中放入所有材料以中火拌炒混合。

352 — 很適合當做常備菜的一道
香料醃漬青豆

材料（2人份）

青豌豆仁…50g（也可用冷凍蔬菜）
去殼毛豆…50g（也可用冷凍蔬菜）
鹽…1/3小匙
葛拉姆馬薩拉綜合香料…1小匙

作法

1. 在鍋中放入熱水（分量外）煮至沸騰，加入豆類稍微水煮至保留口感的程度。
2. 撒鹽放置約10分鐘後瀝乾水分。
3. 將 **2** 和葛拉姆馬薩拉綜合香料混拌，靜置約1小時。

香料配菜・飲品

353　自製茅屋起司格外美味！
荷蘭芹拌茅屋起司

材料（2人份）

牛奶…500ml
蘋果醋…20ml（用其他醋也OK）
荷蘭芹（切粗末）…1～2枝
粗磨胡椒粒…1/3小匙
蒜頭（磨泥）…1/2瓣
橄欖油…2/3大匙
鹽…1/3小匙

作法

1. 在小鍋中放入牛奶後以中火加熱。冒出氣泡後轉為小火，在快要沸騰之前關火。加入蘋果醋慢慢攪拌，使牛奶凝固。
2. 在調理盆中放入紗布，將**1**慢慢倒入過濾，做出茅屋起司。用水將凝固起司的醋洗淨，輕輕擠壓（注意不要過度擠壓）。最後完成以100g為基準。
3. 在調理盆中放入**2**和剩下的所有材料，輕輕混拌即可。

354　混合吸收調味湯汁的北非小米和蔬菜，非常下飯！
福神漬庫司庫司

材料（2人份）

A
醬油…1大匙
砂糖（也可用黑糖）…1大匙
醋…1小匙
味醂…1小匙

B
白蘿蔔（帶皮切成5mm塊狀）…50g
茄子（去皮後切成5mm塊狀）…1/2根
小黃瓜（切5mm塊狀）…1根
薑（帶皮切3mm塊狀）…1片

綠辣椒（切碎末）…1根
鹽…1/2小匙
芝麻…1小匙
庫斯庫斯（北非小米）…35g
熱水…50ml
芝麻油…1/3大匙
●香料粉
　辣椒粉…1/2小匙
　甜椒粉…1/2小匙

作法

1. 在小鍋中放入**A**後以中火加熱，稍微沸騰後再煮2～3分鐘關火放涼。
2. 在塑膠袋中放入**B**和鹽後搓揉一番，放置30分鐘。將水分充分擰乾（從袋口擰乾即可）。
3. 在保存容器中放入**1**和配料混合，加入芝麻後醃漬2～3天。醃漬期間中要混合攪拌數次。
4. 在調理盆中放入庫斯庫斯和熱水，燜煮約5分鐘使其還原。瀝乾熱水後加入芝麻油和香料粉混合攪拌。
5. 將**3**連同醃漬汁液一起和**4**混合攪拌。

香料配菜・飲品

355 — 可以直接當下酒菜，也能搭配肉或蔬菜一起品嘗
香料美乃滋拌花生

材料（2人份）

胡荽籽…2又1/2小匙
花生（無鹽）…40g
蒜頭（磨泥）…1瓣
七味辣椒粉…1小匙
胡椒…1小匙
鹽…1/3小匙
日式美乃滋…1又2/3大匙
檸檬汁…2小匙
水…2小匙

作法

1. 將胡荽籽放入研磨器中磨碎（也可以用研磨缽，都沒有的話可用菜刀剁至細碎）。花生放入食物調理機中打碎（或是用菜刀切碎）。
2. 將 1 和剩下的所有材料混合攪拌即可。

356 — 綠辣椒的清新辣味恰到好處，適合當咖哩配菜
綠辣椒漬番茄

材料（2人份）

番茄（切成1cm塊狀）…200g
蒜頭（磨泥）…1瓣
A ｜ 綠辣椒（切碎末）…1根
　｜ 檸檬汁…1大匙
　｜ 魚露…1大匙
油…2/3大匙
孜然籽…1又1/2小匙

作法

1. 在調理盆中放入番茄和蒜頭混合攪拌，再加入 A 繼續混拌。
2. 在小鍋中放入油以中火加熱，加入孜然籽加熱20秒至冒出氣泡但不要燒焦，以萃取香料油。
3. 在 1 中加入 2，充分混合攪拌。

357 — 冷藏可保存1個月！也能拿來當作辣味調味料
印度風醃漬綠辣椒

材料（2人份）

油…1/2大匙
綠辣椒（切碎末）…3～5根
鹽…少許
甜椒粉…少許
胡荽粉…少許
孜然粉…少許
阿魏粉…少許（有的話）
檸檬汁…1小匙

作法

1. 在鍋中放入油以中火加熱，加入綠辣椒拌炒約10秒。
2. 關火後將剩下的材料全部加入，用餘溫加熱至產生香氣，放置約半天使其入味。

香料配菜・飲品

358 — 很適合搭配咖哩的清爽檸檬水
香料檸檬水

材料（方便製作的分量）

水…200ml
砂糖…200g
肉桂棒…1/2根
丁香…6粒
小豆蔻（壓碎）…8粒
肉豆蔻粉…1/2小匙
胡椒粒（壓碎）…8粒
檸檬（帶皮切成寬5mm圓片）…2個
礦泉水…100ml～（依喜好加入）

作法

1. 在小鍋中放入水煮至沸騰之後關火，依序加入砂糖、香料以及檸檬，等到砂糖完全溶解後靜置冷卻。
2. 在放入冰塊（分量外）的玻璃杯中放入3大匙**1**以及1～2片用糖漿醃漬的檸檬，倒入礦泉水充分混合攪拌。

※檸檬要連皮使用，所以請選擇不使用防腐劑也沒有上蠟的產品。

359 — 顛覆對柳橙汁印象的一杯飲品
香料柳橙汁

材料（方便製作的分量）

柳橙汁（果汁含量100％）…250ml
A ｜丁香…2粒
　　｜茴香籽…1小匙
　　｜胡椒粒…4粒
柳橙（切成寬5mm薄片）…1片（有的話）
丁香…1粒（有的話）

作法

1. 在小鍋中放入柳橙汁和**A**煮至沸騰後關火，靜置至完全冷卻並讓味道完全融合。
2. 用茶篩濾掉香料並將果汁倒入裝有冰塊（分量外）的玻璃杯中。也可以放入插上丁香的柳橙片。

360 — 經典款飲品！充分攪拌是關鍵
拉西

材料（2杯份）

原味優格…200g
牛奶…100ml
砂糖…1大匙～（依喜好加入）

作法

1. 將所有材料放入調理盆中，用打蛋器充分攪拌均勻（也可以用攪拌機）。

361　鳳梨拉西

用罐頭鳳梨做出充滿夏日香氣的拉西

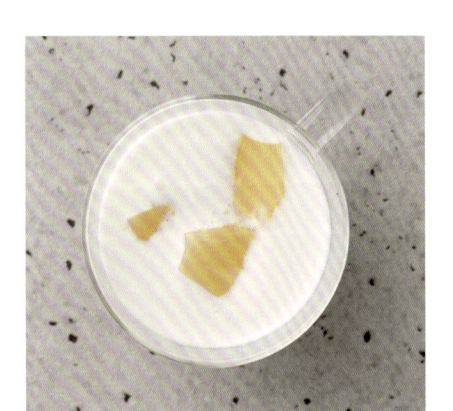

材料（2杯份）

原味優格…200g
牛奶…100ml
罐頭鳳梨（圓片）…2又1/2片

作法

1　將1/2片鳳梨之外的其他材料放入攪拌機中充分攪打。
2　倒入玻璃杯中，將1/2片鳳梨切成一口大小加入。

362　藍莓拉西

只要更換果醬就能做出更多變化！

材料（2杯份）

原味優格…200g
牛奶…100ml
藍莓果醬…50g
砂糖…1小匙～（依喜好加入）

作法

1　將所有材料放入調理盆中，用打蛋器充分攪打混拌（也可以使用攪拌機）。

363　小荳蔻拉西

充滿香料女王小豆蔻的溫和香氣

材料（1～2杯份）

原味優格…150g
牛奶…100ml
砂糖…3又1/3大匙
孜然粉…1/8小匙
小豆蔻粉…1/4小匙
檸檬汁…1小匙
冰…60g

作法

1　將所有材料放入攪拌機中攪打約20秒。

香料配菜・飲品

364 香料奶茶

只要使用茶包，在家也能簡單製作！

材料（2〜3杯份）

水…200ml
砂糖…1大匙〜
肉桂棒…1/2根
丁香…6粒
小豆蔻（壓碎）…4粒
茶包（從茶包中取出茶葉）…2〜3包份
牛奶…200ml

作法

1. 在小鍋中放入水、砂糖和香料，以中火煮至沸騰後轉小火，一邊攪拌一邊煮約5分鐘後關火。
2. 加入茶葉浸泡約1分鐘後加入牛奶，再次以中火加熱至沸騰後，轉小火煮約5分鐘，邊攪拌邊小心別讓液體溢出。
3. 用茶篩過濾掉香料，將奶茶倒入杯中，依喜好再加入砂糖。

365 薑汁香料奶茶

加入薑能讓身體暖和，降低甜度喝起來更清爽！

材料（2〜3杯份）

水…200ml
砂糖…1大匙〜
薑（切薄片）…20g
肉桂棒…1/2根
丁香…4粒
小豆蔻（壓碎）…4粒
胡椒粒…10粒
茶包（從茶包中取出茶葉）…2〜3包份
牛奶…200ml

作法

1. 在小鍋中放入水、砂糖、薑和香料，以中火煮至沸騰後轉小火，一邊攪拌一邊煮約5分鐘後關火。
2. 加入茶葉浸泡約1分鐘後加入牛奶，再次以中火加熱至沸騰後，轉小火煮約5分鐘，邊攪拌邊小心別讓液體溢出。
3. 用茶篩過濾掉香料，將奶茶倒入杯中，依喜好再加入砂糖。

366 薄荷香料奶茶

喝起來涼爽又順口！也很適合做成冰飲

材料（2～3杯份）

水…200ml
砂糖…1大匙～
薑（拍碎）…20g
肉桂棒…1/4根
丁香…4粒
小豆蔻（壓碎）…6粒
茶包（從茶包中取出茶葉）…2～3包份
乾燥薄荷…5g
牛奶…200ml
新鮮薄荷…3～4枚

作法

1. 在小鍋中放入水、砂糖和香料，以中火煮至沸騰後轉小火，一邊攪拌一邊煮約5分鐘，暫時關火。
2. 加入茶葉和乾燥薄荷浸泡約1分鐘後倒入牛奶，再次以中火加熱至沸騰後，轉小火煮約5分鐘，邊攪拌邊小心別讓液體溢出。
3. 用茶篩過濾掉香料，將奶茶倒入杯中，依喜好再加入砂糖。最後放上新鮮薄荷裝飾。

367 小荳蔻香料奶茶

慢慢熬煮提引出香氣！

材料（2杯份）

A
紅茶茶葉（推薦用阿薩姆紅茶茶葉）…5g
水…200ml
薑（切薄片）…1片
小豆蔻…2粒
丁香…1粒
肉桂棒…約2cm

牛奶…200ml
砂糖…1又1/2小匙

作法

1. 在小鍋中放入**A**以中火加熱，沸騰後轉小火並熬煮約20分鐘。
2. 加入牛奶和砂糖以小火加熱至再次沸騰後關火。
3. 用茶篩過濾掉茶葉和香料，將奶茶倒入杯中。

368 — 咖啡與香料的香氣交織，帶來極致的咖啡時光
香料咖啡

材料（1杯份）

濾掛式咖啡⋯1杯份
A ｜ 小豆蔻粉⋯1/8小匙
  ｜ 肉桂粉⋯少許（大約1小撮）
  ｜ 丁香粉⋯少許（大約1小撮）
熱水⋯120～150ml
砂糖⋯適量（依喜好加入）
肉桂棒⋯1根（依喜好加入）

作法

1. 將濾掛式咖啡掛到杯子上，把A的香料撒在咖啡粉上。
2. 倒入少許熱水（85℃）讓咖啡整體濕潤後蒸約15秒。
3. 將熱水分3～4次倒入。
4. 咖啡粉和香料粉浸泡約1分鐘後取下，加入砂糖並以肉桂棒混合攪拌。

369 — 想轉變一下心情的時候很推薦的飲品！
香料茶

材料（1～2杯份）

葫蘆巴籽⋯1大匙
孜然籽⋯1小匙
水⋯300ml

作法

1. 在小鍋中放入所有材料之後煮至沸騰，關火後放置3～10分鐘（依喜好）讓萃取出味道。
2. 要喝之前再次煮至沸騰，用茶篩將香料過濾掉，把茶濾入杯中。

370 — 利用手邊的香料植物，不管哪種香料都可以製作！
各種香草茶

材料（1～2杯份）

各種剩下的香料植物⋯適量
熱水⋯300ml

作法

1. 在茶壺中放入香料植物，加入熱水放置5分鐘燜出味道。用茶篩過濾掉香料植物，將茶倒入杯中。

Tin Pan Column

關於佐藤幸二

　　在咖哩食譜開發專家集團「Tin Pan Curry」中負責「香料菜餚」。能夠自由自在地運用香料，蒐集並且開發出簡單卻美味的家常食譜。他的另一個身分是廣泛經營數家餐飲店的經營者，其中包括葡萄牙料理店「Cristiano's」。

　　他曾經以廚師的身分遊歷歐洲諸國，並在遊歷東南亞後回到日本，擁有非常特殊的經歷。根據小道消息，據說他在經營葡萄牙料理店之前也曾經在東京某處經營過咖哩專門店。憑藉著豐富的經驗，他有源源不斷的創意開發出許多「美味料理」，接連開設家常料理店、文字燒店、拉麵店和甜點專賣店等新店鋪，在餐廳經營上也很成功。我認為，他不拘泥於任何類型且擁有自己的風格，呈現出「佐藤料理」這個嶄新的風格。

　　他創造出許多料理，大多都讓人一吃就停不下來。同時這些料理也意外地非常下酒。雖然我不知道他本人是否非常喜歡喝酒，但能做出這些料理，一定是他與生俱來的才華。而且這些食譜都不會太難，可以輕鬆快速製作。滋味和香氣的組合非常優秀，我認為未來也會不斷從他手中創作出嶄新的香料料理。
（水野仁輔）

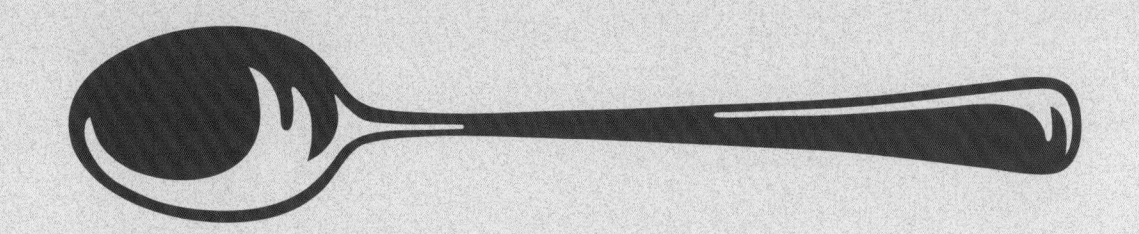

關於咖哩的
Q&A100

知道越多就越能深深感受到咖哩的謎團。從基本料理方式到各種冷知識，由「Tin Pan Curry」的代表水野主廚來為大家解答各種疑問。

Q001.

香料有多少種搭配組合呢？

A. **有無限多種**。請多方嘗試本書中的食譜，並從中找出自己喜歡的組合。最終熟練後應該會發現，製作咖哩時最重要的事莫過於香料的調配了。

Q002.

請告訴我推薦的料理工具。

A. 我認為咖哩是只要用很少的工具就能製作的料理，但如果**有木鏟或是橡膠刮刀會更加方便**。尤其是橡膠刮刀，因為可以用來撈除浮在鍋子上方的料理焦糊部分，所以非常推薦。

Q003.

有辦法在帶便當時也能享用咖哩嗎？

A. 建議購買**印度的便當盒**。另外或許也可以試試看製作冷咖哩。

Q004.

原型香料最好不要沒有加熱過就直接食用嗎？

A. 在日本國內販售的香料一般來說都有通過細菌檢查，所以我想不加熱也沒問題。不過還是**焙煎過後更能散發出香氣也吃得比較安心**。不過如果是要製作咖哩的話，在加熱時也會同時加熱香料，所以不用事前先焙煎過也沒關係。

Q005.

為什麼在日本「饢餅和奶油咖哩雞」會變成印度咖哩的代名詞？

A. **我想是因為這個組合很受歡迎吧？** 大眾容易接受的美食會成為進入新世界的入口。我認為這是一件好事。在印度周邊國家之外的國家，似乎也與日本一樣有許多風格相似的印度料理店。饢餅（Naan）和奶油咖哩雞會受歡迎可能是一種全球現象。

Q006.

曾經對咖哩感到厭膩過嗎？

A. **從來沒有。咖哩的世界就是如此寬闊沒有盡頭**。不過，其實我是很快就會容易覺得膩的人，所以一旦覺得有點膩了，我就會尋找新的角度開始新的事物。但我仍身處咖哩的世界裡這點是不會變的，像孫悟空永遠逃不出釋迦牟尼佛手掌心般的感覺。

Q007.

製作咖哩時一定要準備攪拌機嗎？

A. 如果想將番茄或洋蔥等新鮮蔬菜和香料一起做成咖哩的話，有攪拌機會比較便利。**但並不是必須品。**就算沒有攪拌機也沒關係，還是能做出美味的咖哩。

Q008.

請告訴我可以成為聊天話題的特別咖哩吃法。

A. 「**在咖哩上放上納豆一起吃**」這在聚餐時很能炒熱氣氛。支持者與反對者大概各占一半。我自己則是很喜歡吃納豆咖哩搭配味噌湯。

Q009.

想知道香料的有效使用方法。

A. 香料中的香氣成分會因加熱而揮發。這些揮發的香氣有些會溶於水、有些會溶於油脂（即水溶性和脂溶性）。製作咖哩時使用的香料多數是溶於油脂的，因此，**將其與溫熱的油融合**是很重要的。

Q010.

請告訴我製作咖哩推薦使用的「油脂」種類。

A. 我偏好使用從單一種植物或動物中萃取出的油脂。經常用的有紅花籽油、玄米油、橄欖油、芝麻油、椰子油、印度澄清奶油等。或許依照個人的喜好或對身體的影響等，選擇使用動物性油脂或植物性油脂會比較好。

Q011.

葛拉姆馬薩拉綜合香料不論用哪個品牌的產品都可以嗎？

A. 不管用哪個品牌都可以。我認為這是個人的喜好問題。所以我最後還是覺得自己調配的是最好的。我調配的葛拉姆馬薩拉綜合香料中會加入小豆蔻、丁香、肉桂、黑豆蔻、肉豆蔻種皮、肉豆蔻、胡椒、八角等。剛焙煎好或剛磨好的香氣會更好。

Q012.

請告訴我確認香料的狀態有什麼訣竅嗎？

A. 總之就聞聞看吧。**原型香料要看形狀和顏色。**最好是找到自己喜歡的品牌。一般來說小豆蔻和丁香要選形狀完整且顏色鮮豔的會更加充滿香氣。

Q013.

用咖哩塊製作咖哩卻覺得風味不足時，有什麼加入之後就能提升風味的香料嗎？

A. 以正統的作法來說可能會加入葛拉姆馬薩拉綜合香料。不過新鮮香料最適合用來在料理最後完成時添加香氣。也可以加入薑絲一起混合攪拌。請試著找出自己喜歡的香料。

Q014.

請告訴我在製作咖哩時如何選用肉類、產地或部位等。

A. **根據當下的心情選擇想吃的肉吧。**我認為雞肉的風味是肉類中最不強烈的,所以較容易襯托出香料的香氣。

Q015.

在品嘗咖哩時能知道其中加入了幾種香料嗎?

A. 如果只靠吃的話是無法知道到底加入幾種香料的。其中幾樣香料的氣味比較明顯所以可能吃得出來,但要能毫無差錯地吃出所有使用香料的話,我想世界上應該沒有這種人。

Q016.

最多一次使用過幾種香料?

A. 我曾經一次使用過約20種香料,但並不建議這麼做。**個人比較喜歡使用最多10種左右的香料**。如果超過這個數量,想要呈現出的味道就會變得沒有重點。

Q017.

有辦法讓喜歡的香料味道變得更加突出嗎?

A. 香料的平衡非常重要,但或許**喜歡的香料多加一點就好了**。如果是原型香料的話可以用研磨器等磨成粉,就能做出更加強烈的香氣。將香料弄碎後香氣會更明顯,請務必試試看。

Q018.

如果在室內栽種咖哩葉的話,房間會充滿咖哩香氣嗎?

A. **不會充滿咖哩香氣,所以請放心種植沒關係**。冬天時放在室內日照充足處栽培即可;春天時可以增加土壤的量並換成較大的盆子,但要在春天進行。如此一來夏天時就會長出很多葉子且會逐漸變大。會很有成就感喔!

Q019.

配料組合搭配時有訣竅嗎?

A. 一切都是憑感覺。但換句話說,應該是靠經驗吧。如果要認真說起來,我會**很重視「當季」這件事**。所以同時加入花椰菜和秋葵的咖哩會讓我覺得有點奇怪。因為花椰菜是冬季時比較美味的蔬菜,秋葵則是夏天盛產。所以花椰菜搭配白蘿蔔會比較好。雖然這麼說,最後都還是憑感覺呢。

Q020.

蔬菜咖哩比較難做得醇厚,要怎麼做才能做出有滿足感的咖哩?

A. 其中一個方法是加入砂糖等甜味劑。另一個方法是加入豆類或堅果、椰奶、乳製品等等。蔬菜咖哩主要是想呈現溫和的滋味,所以抱持著這種想法享用或是加入有鮮味、有口感的配料,可能會比較滿足。這真的有點困難呢。

Q021.

做好的咖哩料理味道不是很美味時該怎麼辦？

A. 我覺得這種時候大多和水分量和鹽的分量有關係。所以**「再繼續熬煮讓味道變濃」或是「再加入鹽讓整體味道更整合」**會比較好。如果想讓整體的味道變得更有深度上的變化，就再加入一些隱藏調味料。帶甜味的、乳製品或發酵物等有濃醇感的食材都是很好的武器。

Q022.

製作咖哩時最必須小心操作的步驟是什麼？

A. **火候！！！**這真的很困難。基本上，火候、水分、油脂、鹽、香料是關鍵。當你開始能一邊留意這些變因一邊製作咖哩時，就會逐漸會發現其中的奧妙。

Q023.

印度料理店會事前先將咖哩做到哪種狀態？

A. 我想會因店家而有所不同，但傳統的旁遮普料理或孟加拉料理等，通常**會事前做好咖哩的基底，這樣之後只需混合配料即可**。不過最近的印度料理餐廳**也有不少店家採取逐一料理的方式**。但我認為點餐後才開始製作的餐廳應該非常少。

Q024.

有些咖哩店的賣點是花很多時間燉煮咖哩，想知道最多有煮過多久？

A. 花100個小時熬煮的話想必就會有熬煮100個小時能呈現出的美味。我自己最多則是燉煮2～3小時。

Q025.

想要能消除肉的腥味又能提引出鮮味，該怎麼做才好呢？

A. 我認為**香料的角色非常重要**。如果覺得肉有腥味的話，很適合加入葛拉姆馬薩拉綜合香料類的香料。

Q026.

「咖哩放到隔天會比較好吃」這個說法是真的嗎？

A. 放一天的咖哩很美味呢。我有讀過一本料理科學相關的書籍，書中表示放置一個晚上的咖哩，**除了黏稠度之外其他的分數都降低**。也就是說香氣、鮮味、濃醇感等，都是剛做好的咖哩分數較高。但就算這麼說，為什麼咖哩放到隔天會更好吃呢？真是太不可思議了。

Q027.

有不用洋蔥也能做出美味咖哩的訣竅嗎？

A. 奶油咖哩雞本來就不用加入洋蔥。所以**即使不用洋蔥也能做出許多好吃的咖哩**。

Q028.

請告訴我能讓咖哩吃起來更美味的「小巧思」。

A. <u>和喜歡的人一起享用</u>。我覺得這點非常重要。這是已故的音樂家遠藤賢司先生告訴我的。

Q029.

選用香料的品牌時有什麼訣竅嗎？

A. <u>要挑選香料時請自己購買各種不同香料並比較其香氣看看</u>。這個過程十分有趣。你會發現不同品牌的香料也完全不同。比較之後購買表現比較優異的品牌就好了。

Q030.

我想知道在變化食譜的分量或配料時該如何判斷「適量」的分量。

A. 自己的經驗是最重要的。<u>所以一開始請依照食譜的分量計量製作</u>。首先先將依照食譜的分量加入後，會做出什麼樣的味道輸入腦袋中。以此自行調整分量是非常重要的。所以我認為「適量」的分量不是由別人教導，而是由自己探索並判斷的。

Q031.

組合搭配香料時，有什麼不推薦的組合嗎？

A. 我認為<u>香料的搭配沒有所謂的好與壞</u>。比起在意這點，每種香料的使用量或香料香氣的平衡更加重要。

Q032.

想知道除了福神漬和蕗蕎外，還有什麼適合配咖哩的小菜。

A. <u>應該什麼都很適合配咖哩吧</u>。印度和尼泊爾經常使用的印度綜合蔬果醃漬物等也很適合，不過我認為未來日本的咖哩配菜應該也會越來越受到矚目。

Q033.

料理用的工具的有比較推薦的品牌嗎？

A. 我認為<u>現在正在使用的用具就是最好的</u>。為什麼會這麼說呢？因為自己的心中已經建立的一套基準。透過多次使用手邊常用的鍋子，就能了解在加熱過程中食材會變成什麼狀態、會產生什麼樣的香氣等等，這對建立自己的標準來說是非常重要的。

Q034.

能做出可以跟小孩一起吃、不辣的香料咖哩嗎？

A. <u>會產生出辣味的香料其實有限</u>。在咖哩中常用的大概有辣椒、芥末籽、胡椒和薑。只要不要用這4種香料，基本上就能做出不辣的咖哩。不過有些人也會因為香料本身刺激性的香氣而覺得「辣」。不過對不擅長接受香料刺激的小孩有一招，在最後完成時將市售的咖哩塊溶解加入少量，或許是個不錯的方法。

Q035.

我正在想有沒有咖哩
讓不喜歡咖哩的朋友也能吃。
能給我一些建議嗎？

A. 要不要試著問問看朋友呢？把製作咖哩時會用到的食材攤開來詢問他的喜好。接著讓他聞一聞多種香料的香氣，詢問他的喜好。只用他喜歡的材料來做咖哩就可以了。好像很有趣！

Q036.

聽說咖哩對身體好，
想知道其效果。

A. 咖哩對身體好不好<u>其實我不知道</u>。但我知道香料有許多不同的功效。不過也是會因個人體質等有所不同吧。關於香料和咖哩的功效，一般會著重在「品質」、「分量」、「合適度」這3個要點。如果想和自己的身體狀況、體質相結合判斷，你應該會發現這是一個極其複雜的問題。

Q037.

在不同地方的特色咖哩中
最喜歡哪一種呢？

A. 我最喜歡湯咖哩！我認為湯咖哩是日本咖哩界的革命者。這是沒有其他料理能相提並論的特殊存在，而且作為一道咖哩料理，其完成度也很高。不過這只是我個人的喜好，其實沒有任何根據。

Q038.

印度的肉末咖哩
好像水分都比較多，
水分少的肉末咖哩是
日本獨創的料理嗎？

A. 水分多的肉末咖哩或水分少的肉末咖哩，在印度2種我都有吃過。印度料理中「肉末」這個詞本身似乎是指絞肉。而在印度較多是雞肉肉末咖哩或羊肉肉末咖哩。

Q039.

想要知道能長時間
維持美味的保存方式。

A. 就是要「冷凍」！放入保鮮盒等容器中冷凍存放是最加選擇。不過香氣還是會消散。

Q040.

想知道能買到
美味香料的方法。

A. 我認為最好的辦法是購買相同種類但不同品牌的香料，比較看看其香氣。例如先購買孜然、胡荽籽、小豆蔻等原型香料，挑選3個品牌的產品後比較看看，或許就能知道自己的喜好了。

277

Q041.

**在印度大家都會搖頭
看起來好可愛。
請問那有什麼意涵嗎？**

A. 我自己是覺得那是<u>表示「OK」或是「YES」的意思</u>。大家的動作很可愛呢！

Q042.

**在拌炒洋蔥的時候
總是會有一部分燒焦，
無法均勻拌炒上色。**

A. 我認為<u>不一定要拌炒到均勻上色</u>。如果是拌炒用來製作咖哩基底的洋蔥時，之後會再加入番茄或水等含有水分的材料，這時這些水分會讓鍋中洋蔥上的焦化物質溶解到整體之中。如果很在意這點的話，在拌炒時也可以不時加入少許水分來解決。

Q043.

**為什麼會因為咖哩種類不同
而改變燉煮時間？**

A. 主要是<u>根據主要食材煮熟所需的時間調整</u>。蔬菜和魚類很快就會熟透；帶骨的肉類則需要熬煮較多時間。不過若刻意燉煮、盡可能萃取出更多食材的風味到醬汁中，料理的時間也可能會較長。如果想要加強風味等也會加長燉煮時間。

Q044.

**有什麼食材不適合
加到咖哩中嗎？**

A. 我覺得依照使用方法的不同，應該加入什麼都可以。不過<u>草莓加入咖哩後很難吃……</u>。還有日本山葵、西瓜等都很難料理。出乎意料有很多不適合的食材呢……。

Q045.

咖哩的定義是什麼？

A. 咖哩的定義啊……。咖哩到底是什麼？很難說，<u>這太困難了</u>。我為了想找到屬於我自己的答案所以目前仍在追求咖哩的過程中。

Q046.

**香料的價格正不斷上漲。
想知道您的看法。**

A. 的確香料的價格上漲會很困擾呢。雖然我們也無法做些什麼，但將香料當成高級的嗜好品，<u>思考如何享受這樣的咖哩或許會很有趣</u>。

Q047.

**為什麼外食的
連鎖咖哩店比較少？**

A. 這是為什麼呢……。可能是比起外食，<u>更多人會在家裡製作咖哩吧</u>？舉例來說，拉麵剛好完全相反。反而是外食的人比較多，所以比起咖哩店，拉麵店會比較多。

Q048.

能自己製作印度薄餅嗎？
（將豆類的粉末做成麵團後薄烤過的印度式仙貝）

A. 印度薄餅還是用買的吧。雖然應該是可以自製，但我沒有嘗試過。市售品應該會比較好吃。

Q049.

蒜頭或薑也可以用市售的軟管裝產品嗎？

A. 我自己是不太想用軟管裝的產品。**還是自己磨成泥吧。**其實非常簡單。我可以肯定這樣做絕對會比較好吃。

Q050.

為什麼除了北海道之外其他地區都沒有湯咖哩呢？

A. 為什麼呢？**我也不知道。**我非常喜歡湯咖哩。只要有機會去札幌一定會連吃好幾家。真是太美味了。

Q051.

有絕對不要做比較好的食材組合嗎？

A. 我覺得每個人的喜好不同呢。**不管什麼組合應該都可以。**肉類、蔬菜類、海鮮類全部混在一起做成什錦咖哩應該也會很美味。啊！不過我還沒做過什錦咖哩。下次來做做看好了。

Q052.

肉類還是要事先調味會比較好嗎？

A. 我認為事先調味過會比較好。撒上胡椒鹽放進另一個平底鍋中拌炒後再放進咖哩中會比較好吃。不過將生肉直接放進微滾冒泡的咖哩鍋中也有此作法的美味之處。也許咖哩的風味比其他料理更加強烈，所以有沒有事先調味其實感覺不太出來。

Q053.

如果有能將奶油咖哩雞做得更加美味的訣竅請告訴我！

A. 奶油咖哩雞**不管怎麼做絕對都會變得很好吃。**將番茄熬煮過的風味凝縮於其中，就能讓咖哩的滋味變得更加豐富。另外還有一個有點小聰明的辦法，那就是加入少許的砂糖或蜂蜜等等的甜味劑，咖哩雞就會很明顯地變得很美味。

Q054.

想要變換香料組合時有什麼一定要注意的重點嗎？

A. 我覺得最好的方法是「隨意」混合搭配。**不過記住下述3種香料的組合應該會有幫助。**雖然是我自己的作法，如果是原型香料的話就使用「芥末籽、孜然籽、紅辣椒」；如果是香料粉的話就用「薑黃粉、紅辣椒粉、胡荽粉」。只要知道這些香料的組合就能享受風味變化的樂趣。

Q055.

原型香料在每次 要用的時候再用研磨器 磨成粉會比較好嗎？

A. 先購買好原型香料再<u>自己磨成粉絕對、絕對、絕對會比現成的香料粉更香！！！</u>非常推薦！！！雖然確實有點麻煩就是了⋯⋯。

Q056.

請告訴我有賣 好吃咖哩麵包的店家。

A. 很喜歡東京三軒茶屋的「Boulangerie Shima」。這是Tin Pan Curry成員「島健太」所開設的麵包店。因為我比較喜歡油炸過的咖哩麵包。

Q057.

有什麼好辦法能夠 知道每種香料的特色嗎？

A. <u>總之就是先使用看看。</u>剛開始先練習將香料的名字和香氣連結在一起也不錯。只要聞到香氣就知道名稱、聽到名稱就能想到其氣味。如果都能做到這兩者，那麼應該就會感覺到自己離香料更接近一步了。

Q058.

吃咖哩時經常會 搭配什麼樣的飲品？

A. <u>我是搭配氣泡水。</u>雖然有氣泡的刺激感但沒有什麼味道這點很好。咖哩是集風味於大成的料理，所以可能不太適合搭配風味強烈的飲品。氣泡水最棒了！

Q059.

請問最近有什麼 喜歡的配菜嗎？

A. 我最近終於能感受到蕗蕎的美味了。不過放在咖哩上的配料，不論以前還是現在，煮得較硬的水煮蛋還是第一名。另外我也很喜歡吃咖哩時會提供味噌湯的店家。

Q060.

在「NAIR'S RESTAURANT」， 禮拜幾的咖哩最好吃？

A. 啊！好像有聽NAIR善己說過。「雖然目標是每天都能做出一樣味道的咖哩，不過說實在的還是禮拜○的最好吃」，好像是這麼說的。不過我不記得他說的是禮拜幾了。<u>一個禮拜中每天都去吃看看就知道了。</u>

Q061.

會將香料放置一段時間 使其釋出香味嗎？

A. 我不會這麼做。雖然想做出熟成風味時會這麼做，不過我認為香料和咖啡豆一樣，<u>越早使用越新鮮，香氣也會比較香。</u>

Q062.

如果戶外烤肉要帶香料瓶去，會選擇帶哪幾種？

A. 喔、喔！這個問題很有趣。雖然回答有點偏離主題，不過<u>我推薦由我自己著手研發的「Craft Spice」產品</u>。我認為這項香料產品一定會在戶外烤肉或是露營等時刻大放異彩。

Q063.

透過咖哩的關係，目前為止最開心的事是什麼？

A. <u>當然是遇到能一起玩的夥伴們</u>、有能夠一起成立不同團體或進行各種企劃的朋友。就像本書提到的「Tin Pan Curry」。

Q064.

相反地，和咖哩相關最痛苦的事是什麼？

A. 應該是被從未見過面的人<u>隨意批判吧</u>。像是在網路上之類的。不過那也沒辦法的事情啦。

Q065.

為什麼比起寒冷的冬天，在炎熱的夏天吃辣味咖哩時會覺得更加美味？

A. 大概是某種既定印象吧。我認為<u>咖哩在春夏秋冬一年四季吃都很美味</u>。

Q066.

應該都有照著食譜的方法做了，但做出來的成品顏色還是比書中照片更淺。

A. 不只洋蔥，在每個步驟中<u>確實控制火候的話</u>，應該能做出更加接近食譜照片的感覺才對。我認為能做得很好與做不出來的人之間最大的差別，就是製作過程中拌炒食材的火候掌握。

Q067.

提引出食材風味的香料和食材還是有合與不合嗎？

A. 我認為是有所謂的適合度。不過這也和製作的人和吃的人的喜好有關。而除此之外，<u>一般來說應該也有合或不合的組合，但我還不知道</u>。

Q068.

我不喜歡咖哩做好後原型香料還留在裡頭，請問有什麼辦法嗎？

A. 香料到料理完成為止都會繼續散發出香氣。所以<u>提早取出香料犧牲咖哩的香氣，或是留下香料並忍耐著吃完</u>，只有這兩種選擇吧……。

Q069.

將做好的咖哩拍照上傳到
社群軟體時經常人有問
「你是要開咖哩店嗎？」
該如何回答呢。

A. 「在我心裡自己已經開咖哩店了！」就這樣回答吧！

Q070.

每次有客人來家裡時
都會說房間充滿香料臭味。
請問水野主廚的工作室也是嗎？

A. 我自己的工作室很常被說「房間裡很香耶～～」。被說很臭的話，大概是很不喜歡香料氣味的客人吧。這也沒辦法。就算試圖用其他香氣來掩蓋，還是會隱隱飄散出香料的氣味。大概只有通風才是解決之道吧。

Q071.

到底為什麼雞蛋
會和咖哩如此契合？

A. 我也最喜歡在咖哩上放上蛋一起吃了！不論水煮蛋或荷包蛋都超級好吃。在我心目中沒有什麼配料可以超越雞蛋，不過我也滿喜歡炸雞的……。在印度也曾經早上在街角某處吃了馬薩拉歐姆蛋。充滿香料香氣的煎蛋料理真的非常美味呢！

Q072.

洋蔥的切法或煮法
有什麼規則嗎？

A. 製作咖哩時洋蔥有無數種切法和煮法。我會因為想做的咖哩不同而全部做變化。

Q073.

白色上衣如果
沾到咖哩的話，
有什麼清除的辦法嗎？

A. 我曾聽說過照射紫外線能讓薑黃的顏色較容易去除。但我自己不管是襯衫或T恤都是只穿白色的，對此我有個對策──就算沾到其他顏色也「不要在意」就好了。將所有的上衣都當成料理時的廚師服。這樣會比較輕鬆。

Q074.

製作甜味咖哩時，
除了砂糖外還有什麼
推薦的材料嗎？

A. 用沾醬或果醬或許也會很不錯。我會使用柑橘果醬、藍莓果醬或芒果醬等。有時候也會用蜂蜜。

Q075.

洋蔥是製作咖哩基底的
代表性食材，還有什麼
食材可以代替洋蔥嗎？

A. 用**長蔥**也很適合。這麼說的話，我也想好好研究看看更多蔥類。

Q076.

用長蔥製作咖哩的話
會做出什麼樣的感覺？

A. 某次我聽說北海道的長蔥生產過盛所以必須丟棄銷毀。所以我收到大量長蔥並以此代替洋蔥用來製作咖哩。長蔥比**洋蔥釋放出更多甜味**，咖哩也變得更加美味。不過也可能只是剛好而已⋯⋯。

Q077.

印度料理店
淋在生菜沙拉上的橘色醬汁
也能在家自己製作嗎？

A. 當然可以自己做。**只要用攪拌機將材料打成糊狀即可**。食材包括洋蔥、甜椒和幾種香料，有些店家也會放入紅蘿蔔。在網路上搜尋應該會有很多食譜可參考。不過我在印度很少看到有人把新鮮蔬菜做成沙拉享用。反而是幾乎每次都會附上生洋蔥。能讓口中的辣味緩和。

Q078.

在咖哩上放上
珍珠奶茶的珍珠
會受到女子高中生歡迎嗎？

A. **珍珠奶茶的風潮已經結束了**，所以應該不會受到歡迎⋯⋯。不過話說回來，其實我直到現在都還沒吃過珍珠。啊！不過那應該不是用吃的，是用喝的嗎？

Q079.

喜歡咖哩的人
好像多數都曾組過樂團，
是為什麼呢？

A. 的確有很多人是音樂人同時也是咖哩愛好者。咖哩店的主廚也有很多人因興趣所以有在玩音樂。到底為什麼呢？**可能將香料組合搭配和將樂曲組合搭配這點很類似吧？**

Q080.

有非常想做的食譜，
但手邊沒有必須的香料時
該怎麼辦？請給我建議。

A. **趕快跑去買呀！**因為是非常想做的食譜所以值得！

Q081.

真的有辦法做出
透明的咖哩嗎？

A. 是說像透明咖啡那種流行產物對吧。我覺得**咖哩也一定可以做得出來**。就讓我們期待製作咖哩的廠商開發吧。不過感覺不會賺錢，可能不會有人開發吧。

Q082.

想要邊看電影邊吃咖哩時
有什麼推薦的電影嗎？

A. 喔喔喔！我從來沒想過這個問題！明明我有在雜誌上連載咖哩和電影專欄……。不過邊看電影邊吃咖哩!?請專心看電影！

Q083.

這道是失敗品。
有做過這樣的咖哩嗎？

A. 西瓜咖哩。再也不做了。

Q084.

印度人實際上
是如何看待
日本的咖哩呢？

A. 日本連鎖咖哩店「CoCo壹番屋」在印度開店時還成為新聞了呢！不過對印度人來說，應該覺得日本咖哩「做成這樣也很好吃」。日本咖哩是偉大的存在。我想鮮味調味料的效果也很大。

Q085.

有不加蒜頭也能做出
美味咖哩的辦法嗎？

A. 我們總會不自覺地加入蒜頭，但其實沒有蒜頭也能做出美味的咖哩。在印度也有因為宗教因素不吃蒜頭的人。

Q086.

什麼樣的咖哩
適合用來做咖哩麵包？

A. 不管什麼類型都咖哩都很適合！咖哩麵包的這一點超棒的！不過不能用湯咖哩。如果要做成咖哩麵包的內餡，必須熬煮到非常黏稠才行。

Q087.

如果有什麼
大家不知道的隱藏調味料
請告訴我。

A. 只要隱藏使用的話所有的調味料都是隱藏調味料。不管用什麼都可以。重點是味道的平衡和用量。如果被吃的人發現加了什麼調味料的話就是失敗了。可以找一些發酵調味料，越冷門越好。比如說魚醬之類的？

Q088.

吃完咖哩的食後感
可以說「哇咖咿呷咖哩」嗎？

A. 我覺得不行。

Q089.

咖哩和飲品的搭配
有什麼推薦的嗎？

A. **我覺得最適合的是「水」。**不過南印度料理中有一種稱為「南印度咖啡」的飲品，比起香料奶茶，更像是加了大量砂糖的牛奶咖啡。酒精飲料的話就很難選擇，我個人不太推薦像葡萄酒這種享受細緻香氣的飲品。

Q090.

香料要在哪裡購買
會比較好？

A. 在日本的話，透過「印度美國貿易商會 Spin Foods」、「ANAN」、「Nair商會」等購買可能會比較好吧。雖然是直接從印度輸入到日本所以殺菌效果較差，不過因確實經過細菌檢查，所以不會有什麼問題；但如果徹底殺菌或滅菌的話，香氣會因此而消散，所以日本國內生產的香料不論如何都會讓人覺得香氣較淡。

Q091.

雖然我正在嘗試
製做魚肉咖哩，
但總覺得味道不太對。

A. 魚肉咖哩真的很美味呢！我個人覺得蝦子或螃蟹等甲殼類會比較適合歐式咖哩，**魚肉會比較適合印度風味咖哩**。

Q092.

像大阪的咖哩名店
「Indian Curry」那樣
辣味會比較慢出現，
是基於什麼原理呢？

A. 「Indian Curry」的咖哩的確是甜甜辣辣的。我看**大家寫的食用心得也常提到「明明吃第一口時覺得充滿甜味，但之後開始慢慢變辣」**。我想會這樣是因為人類對酸甜苦辣鹹的感知時，最先會先感覺到甜味，最後才會出現刺激的辣味。所以或許這是一種能讓人充分使用五種味覺來享受的咖哩。

Q093.

煮好後第二天的咖哩
通常會如何享用？

A. **我喜歡將冷的咖哩直接淋在熱熱的飯上享用**。這麼說的話好像也可以做成咖哩便當呢。不過在冷飯上淋上熱熱的咖哩也很好吃。

Q094.

嗅聞香氣以及試吃味道的
最佳時間點是什麼時候？

A. 在製作過程中請隨時感受香氣的變化。至於**試吃味道的話，我覺得次數越少越好**。邊煮邊試好幾次味道的話可能會越吃越混亂。如果是我的話，大多都只會在最後完成階段試吃一次。

Q095.

有什麼和咖哩很搭的
日式食材或中式食材嗎？

A. **咖哩不管和什麼食材都很搭**。如果和日式高湯一起使用的話，很適合用來做咖哩丼飯或咖哩蕎麥麵等；運用中式料理常用的豆瓣醬或豆豉醬，也能做出很獨特的咖哩。我也很推薦用牛蒡或茼蒿等香氣較強烈的蔬菜。我之後想研發的新品種咖哩就是「中華咖哩」。雖然現在已經有某些料理存在，但我想整理整個脈絡並不斷創造出新的口味。

Q096.

請告訴我製作咖哩時，香料植物
擔任的角色和推薦的用法。

A. 香料植物是指「香料」的「葉子」部分。也就是說**香料植物和香料其實是同伴**。如果是新鮮的香料植物，會建議在最後完成時加入咖哩中。我認為未來加入香料植物的咖哩會很受矚目。

Q097.

培養什麼興趣
會對製作咖哩有所幫助？

A. 我覺得很適合培養**「音樂」的興趣**。排列音階做出旋律、編寫合音等等，和調配香料有很多共通點。不論在製作咖哩或是在吃咖哩時，播放喜歡的音樂就能讓人心情更加愉悅。

Q098.

以前製作南印度風味咖哩時，
咖哩會有個苦苦的後味。
想知道是哪裡不對。

A. **我想有可能是食譜上有些差錯**。如果是運用本書的食譜，最後一定不會產生苦味。不過如果在製作過程中讓食材燒焦，也有可能會變苦。請多加留意這點。

Q099.

想請問水野主廚，
哪一種香料散發出的香氣
會讓你覺得「充滿香料香味」？

A. 我覺得所有香料都會讓人覺「充滿香料香味」，但其中**茴香或小豆蔻等香料擁有豐富的香氣**，讓人覺得特別香。而不可思議的是孜然或山椒等氣味較刺激的香料，反而不會讓我有其他香料那種「充滿香料香味」的感覺。

Q100.

覺得很辣的時候，
有什麼加入就能緩和辣味
的調味料或食材嗎？

A. 辣味咖哩就是會變辣，要去除辣味料理中的辣味是不可能的。不過比起蓋過辣味，實際上有能讓人比較不會感受到辣味的方法。**或許用生雞蛋等在舌頭上做出一層保護膜就會比較好了**。

Tin Pan Curry

由水野仁輔擔任總召集人，為了製作本書而組成的咖哩專家7人組。每個人都個性豐富，所製作的咖哩種類千變萬化、美味又充滿創意。本書集結了不僅適合初學者、連咖哩狂熱者也會讚不絕口的370道食譜。

水野仁輔

是定期推出附食譜香料組合包的「AIR SPICE」老闆。另外也主辦各種與咖哩相關課程的「咖哩學校」。一邊周遊全世界一邊進行咖哩相關的田野調查。著有60本以上與咖哩相關的書籍。

最喜歡的食譜
綠咖哩

伊東盛

夢幻咖哩團體「東京咖哩～番長」的團長，在日本全國各地進行料理演示。在雜誌、書籍、網站等介紹咖哩食譜，也監修和咖哩相關的商品，另外也著手研發餐飲店的食譜，在許多領域中都非常活躍。

最喜歡的食譜
煮茄子薑汁醬油咖哩

佐藤幸二

1974年出生在日本埼玉縣。曾任職於全日空飯店，後來到義大利一段時間，也在餐飲店工作過。回到日本後在澳洲料理餐廳「AROSSA」任職，後來自己開設葡萄牙料理店「Cristiano's」。現在則是經營包含「ポークビンダルー食べる副大統領」在內的6家店鋪。

最喜歡的食譜
印度風淺漬小黃瓜

島健太

東京三軒茶屋「Boulangerie Shima」的主廚兼店主。客人點餐後才開始油炸提供的「油炸咖哩麵包」，獲得第一屆咖哩麵包大賽東日本油炸咖哩麵包組的最高榮譽金獎。有在經營Youtube，也是Podcast的主持人，是個有多重身分但變換自如的主廚。

最喜歡的食譜
咖哩麵包

Shankar Noguchi

在「印度美國貿易商會」擔任第三代社長，該公司是由出生於印度的祖父所創立。經手印度食品輸入至日本，或是研發販售獨創商品。是一位到處尋找高品質香料的香料獵人，並在spice.tokyo網站上向大家介紹世界各地的香料。

最喜歡的食譜
北印油煎羊肉咖哩

Nair善己

祖父A.M.Nair先生曾為印度獨立運動家，他在祖父的開設之銀座印度料理老店「Nair's Restaurant」擔任第三代店主。在印度果阿邦最高級的飯店「Taj Cidade De Goa」修行後回到日本。除料理教室外，也有出版食譜、參與電視節目錄製等活動。

最喜歡的食譜
喀拉拉奶油燉菜

渡邊雅之

曾在倫敦的印度料理店「Ma Goa」和「東京咖哩～番長」的移動販售餐車「咖哩車」料理修行過。後來在以「攪拌再吃更美味的咖哩」為概念的咖哩專門店「TOKYO MIX CURRY」擔任主廚。

最喜歡的食譜
黑醬肉末咖哩

日文版 STAFF

照片	河口朋輝（STUDIO P-BOUZU）
設計	增田啓之（TARO）
插圖	久嶋祐太
編輯	松原芽未（MOSH books）、 伊藤彩野（MOSH books）、 熊谷洋史（MOSH books）
攝影支援	UTUWA

名廚的咖哩圖鑑
5大類咖哩×7位大廚，從經典到進階嚴選美味咖哩配方370道

2025年6月1日初版第一刷發行

作　　者	水野仁輔
譯　　者	黃嫣容
編　　輯	吳欣怡
美術編輯	林佩儀
發 行 人	若森稔雄
發 行 所	台灣東販股份有限公司 〈地址〉台北市南京東路4段130號2F-1 〈電話〉(02)2577-8878 〈傳真〉(02)2577-8896
郵撥帳號	〈網址〉https://www.tohan.com.tw
法律顧問	1405049-4
總 經 銷	蕭雄淋律師 聯合發行股份有限公司 〈電話〉(02)2917-8022

著作權所有，禁止翻印轉載。
購買本書者，如遇缺頁或裝訂錯誤，
請寄回更換（海外地區除外）。
Printed in Taiwan

國家圖書館出版品預行編目(CIP)資料

名廚的咖哩圖鑑：5大類咖哩×7位大廚，從經典到進階嚴選美味咖哩配方370道/水野仁輔著；黃嫣容譯. -- 初版. -- 臺北市：臺灣東販股份有限公司, 2025.06
288面；18.2×25.7公分
ISBN 978-626-379-926-4（平裝）

1.CST：食譜　2.CST：香料

427.1　　　　　　　　　114004768

CURRY NO RECIPE DAIZUKAN 370 by Jinsuke Mizuno
Copyright © 2023 Jinsuke Mizuno
All rights reserved.
Original Japanese edition published by Mynavi Publishing Corporation.

This Traditional Chinese edition is published by arrangement with Mynavi Publishing Corporation, Tokyo in care of Tuttle-Mori Agency, Inc., Tokyo.